海绵城市设计系列丛书

海绵城市：
北京城市副中心建设实践

Sponge City:
Practice and Exploration of Beijing Sub Center

李 丹 韩 元 孟莹莹 赵 利 主编

江苏凤凰科学技术出版社 · 南京

图书在版编目（CIP）数据

海绵城市：北京城市副中心建设实践 / 李丹等主编 .
— 南京：江苏凤凰科学技术出版社，2022.1
（海绵城市设计系列丛书）
ISBN 978-7-5713-2259-5

Ⅰ . ①海… Ⅱ . ①李… Ⅲ . ①城市建设 – 研究 – 北京
Ⅳ . ① TU984.21

中国版本图书馆 CIP 数据核字 (2021) 第 164995 号

海绵城市设计系列丛书

海绵城市：北京城市副中心建设实践

主　　编	李　丹　韩　元　孟莹莹　赵　利
项目策划	曹　蕾
责任编辑	赵　研　刘屹立
特约编辑	曹　蕾

出版发行	江苏凤凰科学技术出版社
出版社地址	南京市湖南路1号A楼，邮编：210009
出版社网址	http://www.pspress.cn
总 经 销	天津凤凰空间文化传媒有限公司
总经销网址	http://www.ifengspace.cn
印　　刷	北京博海升彩色印刷有限公司

开　　本	710 mm×1 000 mm　1/16
印　　张	19
字　　数	335 000
版　　次	2022年1月第1版
印　　次	2022年1月第1次印刷

标准书号	ISBN 978-7-5713-2259-5
定　　价	198.00元

图书若有印装质量问题，可随时向销售部调换（电话：022-87893668）。

《海绵城市：北京城市副中心建设实践》编委会

主　编：

李　丹　韩　元　孟莹莹　赵　利

副主编：

陈茂福　李新建　汪　洋

参编人员：

蔡殿卿　曹建红　程　萌　董月群　郭　佳　花玉龙　李卓伦
刘　震　毛　坤　孟婷婷　史本伟　吴耀魁　燕　强　杨默远
杨志强　于　磊　王振华　张春嘉　张东升　张燚轩　邹　锐
（按姓氏拼音排序）

参编单位：

北京控建工两河水环境治理有限公司

北控水务（中国）投资有限公司

北京市通州区水务局

北京建工土木工程有限公司

北京北建大建筑设计研究院有限公司

北京市水科学技术研究院

北京市新城绿源科技发展有限公司

南京智水环境科技有限公司

前言

　　海绵城市在城市雨洪管理的基础上，统筹发挥自然生态功能和人工干预功能，从"渗、滞、蓄、净、用、排"六个方面对城市雨水径流进行控制，实现自然积存、自然渗透、自然净化的城市发展方式，修复城市水生态，涵养水资源，增强城市防涝能力，提高新型城镇化质量，促进人与自然和谐发展。

　　2013年习近平总书记首次提出"海绵城市"理念。随后国家及各部委，省、市、区各级政府发布了多项关于推进海绵城市建设的政策文件。2015年以来国家推出了两批次海绵城市建设试点，试点城市建设工作扎实地推进，有效地探索了海绵城市建设模式、积累了建设经验、梳理了项目样板。海绵城市体现了绿色发展的新思路，是新型城镇化建设的重要举措，为我国城市建设提供了可持续发展的新思路、新方法。如今，海绵城市已成为中国当代生态文明建设的重要组成部分，成为按照系统工程的思路，全方位、全地域、全过程开展生态环境保护与建设的重要内容。

　　通州，作为北京城市副中心的所在地，承载了调整北京空间格局、治理大城市病、拓展发展新空间、推动京津冀协同发展、探索人口经济密集地区优化开发模式的任务。在全国生态文明建设及国家海绵城市建设的大背景下，北京城市副中心力求打造低碳高效的"绿色城市"、蓝绿交织的"森林城市"、自然生态的"海绵城市"和智能融合的"智慧城市"。

　　北控水务（中国）投资有限公司（简称"北控水务"）是北控集团旗下专注于水资源循环利用和水生态环境保护事业的旗舰企业，是集产业投资、设计、建设、运营、技术服务与资本运作为一体的综合性、全产业链、领先的专业化水务环境综合服务商。作为PPP项目社会资本方，北控水务先后参与了北京、福州、常德等国家海绵城市试点的建设工作，为践行海绵城市建设、推动城市绿色发展提供了有力的资金和技术保障。

　　本书对北控水务在北京城市副中心海绵城市试点建成区的建设实践进行了回顾和总结，第一部分海绵城市建设篇结合试点区系统化方案全面介绍试点区整体概况，对建成区海绵城市改造PPP项目进行了详细的剖析。第二部分"十三五"课题研究成果篇结合北控水务参与的"十三五"国家科技重大专项《北京城市副中心高品质水生态与水环境技术综合集成研究》（2017ZX07103-007）、《北京市海绵城市建设关键技术与管理机制研究和示范》（2017ZX07103-002）以及北京市通州区科技计划项目《通州区海绵城市建设关键技术研发及适宜性技术评估》（KJ2019CX059），对海绵城市PPP模式进行详细探讨与分析，同时对试点区海绵城市热岛效应缓解、生物滞留设施植物群落景观评价、多尺度在线监测与效果评价管控模块开发等方面的研究进行了总结和梳理，研究成果充分发挥了公司全面统筹及复合专业的优势，极大地丰富了北京城市副中心海绵城市技术应用推广的成果。

此次书稿的集成，得到了多方的大力支持和帮助，在此谨向北京市通州区水务局、北京市通州区海绵城市领导小组办公室表示感谢，向北京建筑大学、北京市水科学技术研究院、北京市新城绿源科技发展有限公司表示感谢，向中国建筑标准设计研究院有限公司、中国市政工程华北设计研究总院有限公司、北京建筑设计研究院有限公司、北京市政工程设计研究总院有限公司、南京市市政设计研究院有限责任公司、瓦地工程设计咨询（北京）有限公司、北京建工土木工程有限公司表示感谢。

最后特别感谢"十三五"水专项课题组的辛勤工作和大量帮助。由于作者水平有限，书中难免存在不足之处，敬请各位读者批评指正。

编者

2021年6月于北京

目录

海绵城市建设篇

"十三五"课题研究成果篇

海绵城市建设篇

第一章

海绵城市概述

第一节
海绵城市建设背景

2013 年 12 月 12 日，习近平总书记在中央城镇化工作会议的讲话中强调："在提升城市排水系统时要优先考虑把有限的雨水留下来，优先考虑更多利用自然力量排水，建设自然存积、自然渗透、自然净化的'海绵城市'。"

2014 年 3 月，在关于保障水安全的重要讲话中习总书记再次强调："城市规划和建设要坚决纠正'重地上、轻地下'，'重高楼、轻绿色'的做法，既要注重地下管网建设，也要自觉降低开发强度，保留和恢复恰当比例的生态空间，建设'海绵家园'、'海绵城市'。"

2014 年 10 月，住建部印发了《海绵城市建设技术指南——低影响开发雨水系统构建（试行）》（城建函〔2014〕275 号），提出了海绵城市建设——低影响开发雨水系统构建的基本原则，规划控制目标的分解、落实及其构建技术框架，明确了城市规划、工程设计、建设、维护及管理过程中低影响开发雨水系统构建的内容、要求和方法。

2014 年 12 月 31 日，《财政部　住房和城乡建设部　水利部关于开展中央财政支持海绵城市建设试点工作的通知》（财建〔2014〕838 号）中指出，以试点形式推动海绵城市建设工作，中央财政对海绵城市建设试点给予专项资金补助，采取竞争性评审方式选择试点城市，并对试点工作开展绩效评价。

2015 年 1 月 20 日的财政部、住房和城乡建设部（以下简称"住建部"）、水利部办公厅《关于组织申报 2015 年海绵城市建设试点城市的通知》（财办建〔2015〕4 号）和 2016 年 2 月 25 日《关于开展 2016 年中央财政支持海绵城市建设试点工作的通知》（财办建〔2016〕25 号），在全国确定了两批共 30 个海绵城市试点城市。

2015 年 7 月，住建部印发《海绵城市建设绩效评价与考核办法（试行）》（建办城函〔2015〕635 号）。海绵城市建设绩效评价与考核指标分为水生态、水环境、水资源、水安全、制度建设及执行情况、显示度 6 个方面的 18 项指标。

2015 年 8 月 10 日，水利部印发《关于推进海绵城市建设水利工作的指导意见》（水规计〔2015〕321 号），提出以城市河湖水域及岸线管控和综合整治、防洪排涝体系建设、水资源优化配置和高效利用、水资源保护与水生态修复、水土保持、水管理能力建设为重点，逐步构建"格局合理、蓄泄兼筹、水流通畅、环境优美、管理科学"的海绵城市建设水利保障体系，增强城市防洪排涝、水资源保障、水生态环境等水安全保障能力，与其他海绵城市建设项目和措施统筹衔接，提升城市生态文明建设水平。

2015 年 9 月 29 日，国务院总理李克强主持召开国务院常务会议。会议指出，按照生态文明建设要求，建设雨水自然积存、渗透、净化的海绵城市，可以修复城市水生态、涵养水资源，增强城市防涝能力，扩大公共产品有效投资，提高新型城镇化质量。

2015 年 10 月 11 日，国务院办公厅印发的《关于推进海绵城市建设的指导意见》（国办发〔2015〕75 号）中明确，应通过海绵城市建设，最大限度地减少城市开发建设对生态环境的影响，采用"渗、滞、蓄、净、用、排"等措施，将 70% 的降雨就地消纳和利用。到 2020 年，城市建成区 20% 以上的面积达到目标要求；到 2030 年，城市建成区 80% 以上的面积达到目标要求。《意见》中还提出了科学编制规划、严格实施规划、完善标准规范、统筹推进新老城区海绵城市建设、推进海绵型建筑和相关基础设施建设、推进公园绿地建设和自然生态修复、创新建设运营机制、加大政府投入、完善融资支持以及抓好组织落实等 10 项具体措施。

国办发〔2015〕75 号文鼓励社会资本参与海绵城市投资建设和运营管理，鼓励技术企业与金融资本结合。在海绵城市试点申报和年度绩效考核中，采用有效的 PPP 模式，实现海绵城市投资以地方及社会投入为主、能够实现政府和社会资本的有效合作等成为衡量海绵城市建设投融资模式创新性的依据。另外，住建部分别与国家开发银行（国开行）、中国农业发展银行（农发行）出台了《住房和城乡建设部 国家开发银行关于推进开发性金融支持海绵城市建设的通知》（建城〔2015〕208 号）和《住房和城乡建设部 中国农业发展银行关于推进政策性金融支持海绵城市建设的通知》（建城〔2015〕240 号），以开发性金融、政策性金融加大支持海绵城市建设。通过中长期信贷支持加大对海绵城市建设的资金投入，国开行做好融资规划，为海绵城市建设提供债券、贷款、租赁、证券等综合金融服务，农发行可联合其他银行、保险公司等金融机构以银团贷款、委托贷款等方式拓宽融资渠道。

除住建部大力推动政府采用 PPP 模式建设海绵城市外，财政部更是通过设置 PPP 奖励资金的形式支持鼓励利用 PPP 模式建设海绵城市。根据《城市管网专项资金管理暂行办法》（财建〔2015〕201 号）的有关规定，国家将设立城市管网专项资金，通过中央财政预算安排，用于海绵城市试点示范类事项，并对按规定采用 PPP 模式的项目，采用奖励、补助等方式予以倾斜支持。

作为时隔 37 年重启的中央城市工作会议的配套文件，2016 年 2 月发布的《中共中央 国务院关于进一步加强城市规划建设管理工作的若干意见》针对城市规划存在的问题，明确了城市规划定位，提出了城市规划的总体目标，为我国"十三五"乃至更长时间的城市发展勾画出清晰的"路线图"。文件提出要充分利用自然山体、河湖湿地、耕地、林地、草地等生态空间，建设海绵城市，提升水源涵养能力，缓解雨洪内涝压力，促进水资源循环利用。

2016 年 3 月 11 日，住建部印发了《海绵城市专项规划编制暂行规定》（建规〔2016〕50 号），明确海绵城市专项规划是建设海绵城市的重要依据，是城市规划的重要组成部分。编制海绵城市专项规划应与城市道路、绿地、水系统、排水防涝等专项规划充分衔接，将批准后的海绵城市专项规划内容，在城市总体规划、控制性详细规划中予以落实。

2016年3月24日，财政部 住建部印发《城市管网专项资金绩效评价暂行办法》（财建〔2016〕52号），根据专项资金所支持各项工作分别制定绩效评价指标体系和评价标准。

2018年12月，住建部发布国家标准《海绵城市建设评价标准》（GB/T 51345—2018）。该标准从雨水年径流总量控制率及径流体积控制、路面积水控制与内涝防治、城市水体环境质量、项目实施有效性、自然生态格局管控与水体生态岸线保护、地下水埋深变化趋势、城市热岛效应缓解等方面明确了具体的考核内容及评价方法。

2019年，财政部、住建部和水利部对两批国家海绵城市试点城市展开了绩效评价工作。根据各城市提交的自评报告统计，30个国家海绵城市试点城市总面积920 km²，总投资约1600亿元，试点期内共完成4900多个项目的建设，其中建筑与小区类项目近2600个，海绵型道路1000余条，海绵型公园近400个，河湖治理项目近350个，排水防涝项目570多个。试点城市建设工作为扎实推进海绵城市建设探索了有效的模式、积累了建设经验、梳理了项目样板，许多科研单位、技术支撑单位也在此过程中进行了大量的科学研究和现场案例研究，均为后续海绵城市建设系统化全域推进提供了宝贵经验和技术支撑。

海绵城市建设既是一项系统工程，也是一项长期任务，"水生态、水环境、水安全、水资源"多目标并重，"源头减排、过程控制、系统治理"大系统谋划，"渗、滞、蓄、净、用、排"多措并举，规划、建筑、排水、环境、园林、水利等多专业协同，才能最终实现我国在城市雨水控制与管理领域的"系统治理"。如今，海绵城市已成为中国当代生态文明建设的重要组成部分，成为按照系统工程的思路，全方位、全地域、全过程开展生态环境保护与建设的重要内容。

第二节
北京市海绵城市建设要求

一、北京市人民政府办公厅关于推进海绵城市建设的实施意见

为深入贯彻落实《国务院办公厅关于推进海绵城市建设的指导意见》(国办发〔2015〕75号)精神,加快推进北京市海绵城市建设,《北京市人民政府办公厅关于推进海绵城市建设的实施意见》(京政办发〔2017〕49号)对全市海绵城市建设提出了总体要求,明确了建设目标,制定了实施路径。

1. 总体要求

1)工作目标

通过海绵城市建设,综合采取"渗、滞、蓄、净、用、排"等措施,最大限度地减少城市开发建设对生态环境的影响,将70%的降雨就地消纳和利用。到2020年,

城市建成区 20% 以上的面积达到目标要求。

2）基本原则

（1）坚持生态为本、自然循环。充分发挥山、水、林、田、湖、草等原始地形、地貌对降雨的积存作用，充分发挥植被、土壤等自然下垫面对雨水的渗透作用，充分发挥湿地、水体等对水质的自然净化作用，努力实现城市水体的自然循环。

（2）坚持规划引领、统筹推进。因地制宜确定海绵城市建设目标和具体指标，科学编制和严格实施相关规划，完善技术标准规范。统筹发挥自然生态功能和人工干预功能，实施源头减排、过程控制、系统治理，切实提高城市排水、防涝、防洪和防灾减灾能力。

（3）坚持政府引导、社会参与。发挥市场在资源配置中的决定性作用和政府的调控引导作用，加大政策支持力度，营造良好发展环境。积极推广政府和社会资本合作（PPP）等模式，吸引社会资本广泛参与海绵城市建设。

2. 工作任务

1）加强规划引领

（1）科学编制规划。充分发挥规划引领作用，科学划定城市蓝线和绿线，将雨水年径流总量控制率、绿地率、水面率和雨水资源利用率等指标纳入规划指标体系。控制性详细规划和城市道路、绿地、水务等相关专项规划要落实城市总体规划关于海绵城市建设的目标、指标和要求，将控制指标落实到规划地块，为雨水调蓄、行泄通道等设施预留规划空间，有效保护和扩大河湖水系、绿地、湿地、林地等生态空间。各区编制本区海绵城市专项规划和实施方案，并与市级海绵城市专项规划做好衔接。

（2）严格实施规划。建立区域雨水排放管理制度，明确区域雨水径流排放总量和峰值流量，不得违规超排。将雨水控制与利用、蓝线划定与保护等海绵城市建设要求作为规划行政许可和项目建设的前置条件，保持雨水径流特征在城市开发建设前后大体一致。在建设项目水影响评价审批、施工图审查、施工许可等环节，要将海绵城市相关工程措施作为重点审查内容；工程竣工验收报告中，应当写明海绵城市相关工程措施的落实情况，提交备案机关。

（3）完善标准规范。修订完善本市建筑、市政、道路、园林、水务等方面与海绵城市建设相关的标准规范，突出海绵城市相关工程的设计、施工、维护、评价等关键性内容和技术性要求。要结合海绵城市建设目标和要求编制相关规划、设计和效果评估的技术标准，指导海绵城市建设。

2）统筹推进新老城区海绵城市建设

在北京城市副中心、北京新机场、2022年北京冬奥会赛区及各类园区、成片开发区要全面落实海绵城市建设要求。老城区要结合棚户区改造、老旧小区改造等，以解决城市内涝、雨水收集利用、黑臭水体治理为突破口，推进区域整体治理，逐步实现小雨不积水、大雨不内涝、水体不黑臭、热岛有缓解。建立海绵城市建设工程项目储备制度，编制项目滚动规划和年度建设计划，避免大拆大建。探索建立雨水排放费征收制度，提高全社会控制利用雨水的积极性。

3）推进海绵型建筑与小区建设

建筑与小区要因地制宜采取雨养型屋顶绿化、雨水调蓄与收集利用、微地形等措施，提高雨水积存和蓄滞能力。建筑与小区的绿地下凹率、透水铺装率和单位硬化地面配建调蓄容积等指标应满足本市地方标准和相关规划要求。机关、学校、医院、文化体育场馆、交通场站和商业综合体等大型公共建筑要率先落实海绵城市建设要求，规划用地面积2000平方米以上的新建建筑要配套建设雨水收集利用设施。

4）推进海绵型道路与广场建设

改变雨水快排、直排的传统做法，在非机动车道、人行道、步行街、停车场、广场等扩大使用透水铺装。新建广场要因地制宜采取下沉式结构、配套建设雨水调蓄设施等措施，达到控制雨水径流的有关要求。推行城市道路与广场雨水的收集、净化和利用，减轻对市政排水系统的压力。

5）推进城市排水防涝设施建设

加大城市排水防涝设施建设力度，加快改造和消除城市易涝点。加快实施雨污分流，城市新建区域要达标建设雨水管网、泵站等排水防涝设施，杜绝污水排入雨水管道；城市建成区要结合老旧小区改造、微循环道路建设等，提高雨水管网覆盖率。加快建设和改造沿岸截流干管，控制渗漏和合流制污水溢流污染。通过加强道路清扫作业、推广道路雨水口污物拦截装置等措施，减少地表径流产生的非溶解性污染物进入雨水管道。

6）推进海绵型城市绿地建设

增强城市绿地海绵体功能，基本消纳自身雨水，并为周边区域提供雨水蓄滞空间。公园绿地、街旁绿地要结合周边水系、道路、排水设施等合理确定竖向高程，因地制宜采用雨水花园、下凹式绿地、小微湿地、旱溪等形式，优化雨水径流路径，增强蓄洪排洪能力，削减面源污染。道路两侧绿化带可采用生物滞留池、植草沟、生态树池等形式，充分接纳路面径流雨水。充分利用再生水厂周边绿化空间，建设具有净化初期雨水、调蓄周边雨洪水、提高再生水水质功能的湿地。

7）提升城市河湖水系海绵体功能

加强对城市坑塘、河湖、湿地等水体自然形态的保护和恢复，禁止填湖造地、截弯取直、河道硬化等破坏水生态环境的建设行为。推进水系连通循环工程建设，恢复和保持河湖水系的自然连通。加强河道系统整治，因势利导改造渠化河道，重塑健康自然的弯曲河湖岸线和生态驳岸，恢复自然深潭浅滩和泛洪漫滩，实施生态修复，营造多样性生物生存环境。加快蓄滞洪区建设，提高区域雨洪资源调蓄、水质净化及防洪排涝能力。

3. 保障措施

1）加强组织领导

建立由相关部门组成的北京市海绵城市建设工作联席会议制度，统筹推进本市海绵城市建设，研究解决工作中的重点难点问题；北京市海绵城市建设工作联席会议办公室（以下简称"市海绵办"）设在市水务局，负责联席会议日常工作和会议议定事项落实，办公室主任由市水务局局长担任。各区政府是本区海绵城市建设的责任主体，要把海绵城市建设摆上重要日程，完善工作机制，明确职责分工，加快落实各项规划建设任务。市、区发展改革、财政等部门要研究制定海绵城市相关工程建设、运行维护资金的支持政策，加大资金投入力度，做好资金保障工作。

2）加强试点示范

本市每年选择 1 ~ 2 个区域作为市级海绵城市建设试点，开展海绵城市示范建设，推动形成一批可推广、可复制的示范项目。各区要参照市级试点模式开展区级海绵城市建设试点工作。在全市范围内开展"海绵校园""海绵厂区""海绵园区"等创建工作，发挥示范引导作用。

3）加强培训和宣传

积极推广海绵城市建设技术和产品，组织开展相关人员专业技术培训，提高海绵城市规划、建设、管理、维护人员的专业技能。加大海绵城市建设理念和成果的宣传力度，开展海绵城市知识教育普及活动，营造全社会关心、参与海绵城市建设的良好氛围。

二、《北京城市总体规划（2016年—2035年）》

《北京城市总体规划（2016年—2035年）》中提出了协调水与城市的关系，实现水资源可持续利用，保障首都水资源高效利用，提高水安全保障能力。强调了要通过建设海绵城市加强城市雨洪管理，以保障水安全、防治水污染、保护水生态。提出海绵城市建设实施分区管控策略，综合采取"渗、滞、蓄、净、用、排"等措施，加大降雨就地消纳和利用比重，降低城市内涝风险，改善城市综合生态环境。

在保障水安全方面：提高防洪防涝能力，保证供水安全，实施流域调控、分区防守、洪涝兼治、化害为利的雨洪管理对策，完善水库、河道、蓄滞洪区等工程与非工程防洪防涝减灾体系。加强水库、蓄洪涝区体系建设，强化骨干河道、重点中小河道治理，保留山区河道行洪通道。规划保留并新增外调水通道，完善相关水源配套工程。

在防治水污染方面：强化源头控制、水陆统筹，构建全流域、全过程、全口径的水污染综合防治体系。系统整治水体污染，深入推进工业和生活污水防治，全面控制城市和农业面源污染，严格保护饮用水源，系统推进水污染防治，实现水环境质量全面改善。

在保护水生态方面：加强河湖水系及周边环境综合整治，提高水系连通性，恢复河道生态功能，构建流域相济、多线连通、多层循环、生态健康的水网体系。加强河湖蓝线管理，保护自然水域、湿地、坑塘等蓝色空间。统筹考虑水土流失防治、面源污染控制和人居环境改善，开展小型水体近自然修复工程，系统推进生态清洁小流域建设。逐步恢复河滨带、库滨带自然生态系统，改善河岸生态微循环，提高水体自净功能。

三、《北京城市副中心控制性详细规划（街区层面）（2016 年—2035 年）》

《北京城市副中心控制性详细规划（街区层面）（2016 年—2035 年）》（以下简称《城市副中心控规》）中提出落实城市战略定位，明确发展目标、规模和空间布局，紧紧抓住疏解非首都功能这个"牛鼻子"，建设新时代和谐宜居典范城市，突出水城共融、蓝绿交织、文化传承的城市特色，形成独具魅力的城市风貌，坚持绿色低碳发展，建设未来没有"城市病"的城区，推动通州区城乡融合发展，建设新型城镇化示范区，推动城市副中心与廊坊北三县地区统筹发展，建设京津冀区域协同发展示范区，保障规划有序有效实施，实现城市高质量发展。

在落实总体规划的基础上，充分吸收、融合了城市设计综合成果的主要内容，落实"构建蓝绿交织、清新明亮、水城共融、多组团集约紧凑发展的生态城市布局"的要求，遵循中华营城理念、北京建城传统和通州地域文脉，构建"一带、一轴、多组团"的空间结构。一带：依托大运河构建城市水绿空间格局，形成一条蓝绿交织的生态文明带；一轴：依托六环路建设功能融合活力地区，形成一条清新明亮的创新发展轴；多组团：依托水网、绿网、路网，形成 12 个民生共享组团和 36 个美丽家园，构建集成基础设施和城市公共服务的设施服务环，有机串联组团和家园，建设职住平衡、宜居宜业的城市社区。

城市副中心为北京新两翼中的一翼，《城市副中心控规》中要求建设城市副中心要处理好和中心城区"主"与"副"的关系，处理好和通州核心与拓展的关系，处理好和东部各区、廊坊北三县地区激活带动、协同发展的关系，发展成为绿色城市、森林城市、海绵城市、智慧城市、人文城市和宜居城市，合理确定人口规模，优化人口布局与结构，严格控制用地规模，优化生产、生活、生态空间结构，构建"一带、一轴、多组团"的城市空间结构，完善功能承接体系，提高对中心城区的服务保障能力，营造良好承接环境，推动新时代和谐宜居城区建设。

《城市副中心控规》中要求落实践行"绿水青山就是金山银山"的理念，加强城市设计，处理好水与城、蓝与绿的关系，突出水城共融、蓝绿交织。继承传统水城格局，以大运河为主脉，恢复部分河流历史故道，疏浚治理主要河道，构建树状河网结构，划定河湖保护线和滨水一体化管控区，优化滨水空间功能，生态化改造现状混凝土河岸护坡，营造自然宜人的滨水环境，建设富有活力、充满魅力的亲水城市。基于自然地势，顺应水系脉络，运用现代工程技术手段，建设安全可靠、自然生态的海绵城市，合理优化海河流域的防洪格局，统筹考虑全流域、上下游、左右岸。通过构建"通州堰"系列分洪体系，保障城市副中心防洪防涝安全，稳定常水位，到 2035 年，城市副中心达到 100 年一遇的防洪标准，50 ～ 100 年一遇的防涝标准。建设自然和谐的海绵城市，尊重自然生态本底，构建河湖水系生态缓冲带，发挥生态空间在雨洪调蓄、雨水径流净化、生物多样性保护等方面的作用，实现生态良性循环，综合采用透水铺装、下凹式绿地、雨水花园、生态湿地等低影响开发措施，实现对雨水资源"渗、滞、蓄、净、用、排"的综合管理和利用。建设蓝绿交织的森林城市，构建区域生态安全格局，健全城市副中心绿色空间体系，提高绿色空间的活力和品质，划定生态控制线，将山、水、林、田、湖、草作为一个生命共同体进行系统保护、系统修复，到 2035 年，通州区森林覆盖率由现状的 28% 提高到 40%。全面增加城市副中心绿色空间总量，到 2035 年，城市副中心绿色空间约为 41 km^2，人均绿地面积达到 30 m^2，公园绿地 500 m 服务半径覆盖率达到 100%。构建完整连续、蓝绿交织的绿道网络，到 2035 年，城市副中心建成绿道约 280 km，水岸及道路林木绿化率达到 80% 以上。

《城市副中心控规》提出坚持生态优先、绿色发展，坚持以人民为中心，打造立体复合的设施服务环，构建以人为本的综合交通体系，建立绿色低碳和节水节能的市政基础设施体系，完善公平普惠的民生服务体系，健全坚韧稳固的公共安全体系，建设智能融合的智慧城市，实现城市副中心更高质量、更有效率、更加公平、更可持续的发展。系统整合城市公共服务和基础设施，建设具有国际前沿科技水平、体现人民生活而幸福乐享的设施服务环，形成城市永续发展的核心基础骨架。

第二章

北京城市副中心海绵城市试点区总体概况

第一节
试点区总体概况

一、试点区地理位置

北京是中华人民共和国的首都，位于华北平原的北部，市中心距东南方向的渤海约 150 km，东面与天津市毗连，其余均与河北省相邻，位于北纬 39°26′ ~ 41°03′，东经 115°25′ ~ 117°30′，总面积约 1.6 万 km²。北京的气候为典型的北温带半湿润大陆性季风气候，夏季高温多雨，冬季寒冷干燥。

通州区位于北京市东南部，西临朝阳区、大兴区，北与顺义区接壤，东隔潮白河与河北省廊坊市的三河市、大厂回族自治县、香河县相连，南和天津市武清区、河北省廊坊市交界，处于北京与环渤海经济圈等其他区域交通联络的核心枢纽位置（图 2-1）。通州区域地理坐标北纬 39°36′ ~ 40°02′，东经 116°32′ ~ 116°56′，东西宽 36.5 km，南北长 48 km，总面积为 906 km²。

北京城市副中心的建设是为调整北京空间格局、治理大城市病、拓展发展新空间的需要，也是推动京津冀协同发展、探索人口经济密集地区优化开发模式的需要而提出的。北京城市副中心是通州区的"现代化国际新城"工作规划的城区，规划范围为原通州新城规划建设区，总面积约 155 km²（图 2-2）。外围控制区即通州全区约 906 km²，进而辐射带动廊坊北三县地区协同发展。

北京市海绵城市试点区位于北京城市副中心两河片区，西南起北运河，北到运潮减河，东至春宜路（图 2-3），总规划面积 19.36 km²，其中建成区 7.41 km²，行政办公区 6.75 km²，其他新建区 5.20 km²。

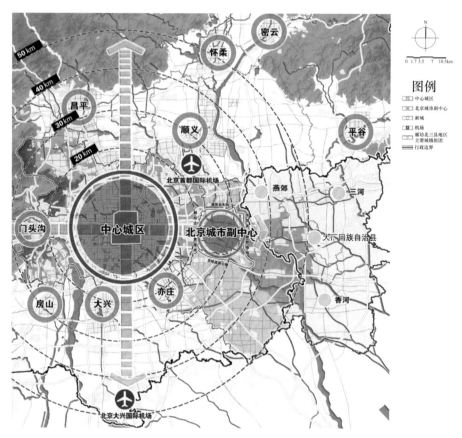

图 2-1　北京城市副中心位置与区位分析

图 2-2　北京城市副中心空间规划结构

图 2-3　北京城市副中心用地功能规划

二、试点区发展定位

2012 年 6 月，北京市第十一次党代会上提出：进一步落实聚焦通州战略，打造功能完备的城市副中心；加快通州高端商务服务区建设，增强对东部发展带的带动作用。通州被赋予北京城市副中心的全新定位，在战略地位上实现了历史性突破。

按照北京"世界城市"建设对通州提出的发展要求，以"三最一突出"（最先进的理念、最高的标准、最好的质量，突出绿色、低碳、可持续发展思路）的内涵和标准，将通州建设成为国际一流和谐宜居之都的示范区；以中央政治局会议中提出的建设要求为标准，将北京城市副中心建成绿色城市、森林城市、海绵城市、智慧城市，着力打造成为国际一流和谐宜居之都示范区、新型城镇化示范区、京津冀区域协同发展示范区。根据发展定位，城市副中心的主要职能是中心区功能疏解的重要承接地、世界城市新功能的重要承载区、宜业宜居的综合性新城市、世界一流水平的现代化国际新城，未来通州将成为北京发展新磁极、首都功能新载体。届时，通州区的发展定位将包含"北京市行政副中心""国际商务新中心""文化发展创新区""和谐宜居示范区"等多项定位。

1）国际一流的和谐宜居之都示范区

坚持生态优先，实现人与自然和谐共生；坚持以人为本，创造良好人居环境；坚持绿色发展，提高集约、节约、利用水平；坚持文化传承，提升文化软实力。建设环境优美、绿色低碳、和谐文明的美丽家园，满足人民群众日益增长的美好生活需要。

2）新型城镇化示范区

坚持公平共享，让广大农民共同享受发展成果；坚持城乡融合，分区分类引导小城镇功能联动和特色发展；坚持改革创新，壮大乡村发展新动能。实现城乡规划、资源配置、基础设施、产业、公共服务、社会治理一体化，形成功能联通、融合发展、城乡一体的新型城镇化格局。

3）京津冀区域协同发展示范区

坚持协同互补，形成分工有序的网络化城镇体系；坚持共管共控，建立统一规划、统一政策、统一管控的协调机制；坚持互惠共赢，协调廊坊北三县地区提升公共服务水平。实现要素有序自由流动，携手构建京津冀协同创新共同体。

第二节
试点区海绵城市相关规划解析及标准梳理

一、试点区海绵城市相关规划解析

1.《通州区海绵城市建设专项规划》

《通州区海绵城市建设专项规划》遵循城市规划发展定位，根据通州区现状条件，辨识问题，构建海绵城市指标体系，构建内涝风险评估模型及水环境评估模型，结合典型案例分析面源污染控制研究，形成海绵城市分区管控规划及系统规划，从水安全、水环境、水生态、水资源、水文化 5 个方面建立指标体系，实现源头减排、过程控制、系统治理，使试点区水环境得到有效改善，试点区域内水安全得到切实保障，区域排水、防涝防洪能力提升，通过加强对污水的再生利用，雨水的收集回用，提高非传统水资源的利用率。

《通州区海绵城市建设专项规划》中将通州区划分为四大海绵分区，分别是优化提升区、生态缓冲区、水生态敏感区、地下水源保护区。规划中基于管控单元划分原则，按照河道划分为 22 个一级管控分区，按照雨水管道流域划分为 156 个二级管控分区，按照控规街区划分为 12 个二级管控分区。

以径流总量分区管控规划作为年径流总量控制指标分解核心内容，同时统筹考虑规划用地性质、新建与建成区的不同特点、城市开发强度、城市开发建设前的径流排放情况，结合相关规范标准要求、当前实际降雨规律、汇水分区等客观条件进行指标分解，得出北京城市副中心综合年径流总量控制率为 80.3%。其中，改造建筑小区年径流总量控制率为 40% ~ 80%，新建建筑小区年径流总量控制率为 85% ~ 90%，绿地年径流总量控制率为 90%，道路综合年径流总量控制率为 68.3%，22 个河道一级管控分区年径流总量控制率为 74.5% ~ 86.6%，156 个雨水流域二级管控分区年径流总量控制率为 64.5% ~ 89.9%，12 个街区二级管控分区年径流总量控制率为 77.8% ~ 85.3%。

海绵城市规划系统主要包括水安全保障系统规划、水环境改善系统规划、水生态修复系统规划、水资源优化系统规划、水文化发展系统规划。

水安全保障系统规划：城市副中心和亦庄新城（通州部分）防洪标准达到 100 年一遇，乡镇地区防洪标准为 20 ~ 50 年一遇；城市副中心防涝标准为 50 年一遇，行政办公区为 100 年一遇，亦庄新城（通州部分）为 30 年一遇，乡镇中心区为 20 年一遇。城市副中心排涝河道、蓄涝区及排涝泵站设计标准为 50 年一遇，行政办公区为 100 年一遇。一般地区雨水管道规划设计重现期采用 3 年，重要地区采用 5 年，特别重要地区采用 10 年。城市主干路雨水管道规划设计重现期采用 5 年，城市次干路及支路采用 3 年，下游雨水管道设计重现期不应低于上游雨水管道；主要雨水管道排出口的管内顶高程基本不低于温榆河、北运河、运潮减河的规划 10 年一遇洪水位，基本不低于其他河道的规划 20 年一遇洪水位。下凹桥区四周及下游高水区雨水管道和城市主干路雨水管道及其下游雨水管道设计重现期采用 5 年，下凹桥雨水泵站设计重现期采用 10 ~ 30 年，低水区雨水管道及收水设施按 10 ~ 30 年一遇标准设计。

水环境改善系统规划：城市副中心现状合流形式主要为建筑小区内部合流、外部市政道路合流（内合外合）；建筑小区内部合流、外部市政道路分流（内合外分）；建筑小区内部分流、外部市政道路合流（内分外合）三种形式。对于"内合外合"形式的合流管道，近期截留合流污水进入市政污水管道，局部点设置地下储水设施，并设置格栅、过滤、处理等设施，经过初步处理溢流至河道；远期市政路实现雨污分流，原市政合流管道作为污水管道，并截留初期雨水。对于"内合外分"形式的合流管道，近期截留建筑小区合流水进入市政污水管道并合理设置地下储水设施，并设置格栅、过滤、处理等设施，经过初步处理溢流至河道；远期建筑小区及市政道路按照雨污分流进行改造。对于"内分外合"形式的合流管道，近期通过截留合流污水管道进入污水处理厂；远期市政道路铺设雨水管道实现雨污分流，并截留初期雨水。

水生态修复系统规划：规划中要求在满足防洪防涝安全前提下，修复河湖水生态岸线，恢复自然生态功能，到 2035 年，生态岸线恢复及新建达 90% 以上。通州区岸线总长度为 1478 km，规划道路红线范围内为硬砌护岸，规划其他坡岸为生态岸线，确定生态岸线长度为 1330 km，约占规划岸线总长度的 90%。

水资源优化规划：规划构建"多源多向"的供水保障格局。通州区以南水北调中线水、密云水库地表水和本地地下水为常规水源，以南水北调东线水和海水淡化水为保障水源，供水占有率达到 100%；规划污水再生利用率为 100%，规划雨水资源利用率为 5%，强调非传统水资源利用，规划副中心新建再生水厂 1 座，扩建再生水厂 3 座。

水文化发展系统规划：依托海绵城市建设，展现漕运文化，重塑历史风貌，串联历史水系遗迹，保护河湖水系的历史风貌，保持河湖水系的完整性，维持河湖水系的原有功能，并与现有功能结合，河湖水系与城市生态建设相结合，通过"两带、一点、一环、多片、三中心"格局丰富大运河文化内涵。

2.《通州区防洪排涝规划》

防洪标准：依据城市副中心功能定位，保证副中心防洪安全，防洪标准定为 100 年一遇，堤防抵御 100 年一遇的洪水。

排涝标准：整个副中心排涝标准为 50 年一遇、100 年一遇，其中试点区中行政办公区防涝标准为 100 年，其他区域为 50 年。

根据《北京市防洪排涝规划（2016年）》，北京市实施"上蓄、中疏、下排，有效蓄滞利用雨洪"的流域防洪方针，提出了"流域调控、分区防守、洪涝兼治、化害为利"的防洪总体思路，确定了北运河流域的防洪排涝格局。为了保障城市副中心达到100年一遇防洪标准，规划提出要建设"分、滞、蓄"等工程措施，即在温榆河与潮白河之间开挖温潮减河，与规划拟建的宋庄滞洪区共同分蓄北关闸上超50年一遇的洪水。

《北京市城市副中心防洪工程方案专题论证报告》对"分洪蓄洪"方案进行了论证，提出通过开挖温潮减河，从温榆河向潮白河分泄洪水；建设宋庄蓄滞洪区滞蓄洪水；通过加高加固温榆河、北运河、运潮减河、潮白河堤防等措施来保障副中心防洪体系达到100年一遇防洪标准。

按照"上蓄、中疏、下排"的防洪思路，通州区拟构建"三横、两纵、多点、一环"的防洪格局，以保障区域防洪安全。三横：温潮减河及平港沟、通惠河及运潮减河、凉水河。两纵：北运河（温榆河）、潮白河。多点：规划修建宋庄、凉水河、凤港减河、小中河等蓄滞洪区，削减洪水量。一环：城市副中心外围打通环城绿色休憩环，一方面用于洪水调蓄，另一方面有利于空间生态格局，为外围防洪体系预留空间条件。

3.《北京城市副中心排水（雨水）与防涝工程规划》

《北京城市副中心排水（雨水）与防涝工程规划》提出完善北京城市副中心防洪体系，构建蓝绿交织、水城共融的生态城市，推进高标准的城市防涝减灾体系建设，全面提高北京城市副中心的防涝能力，保障人民生命财产的安全。

防洪规划：规划北京城市副中心防洪标准为100年一遇，温榆河、北运河、运潮减河防洪河道标准为100年一遇，通惠河、坝河、凉水河、小中河按照50年一遇标准设计，并应满足100年一遇洪水不漫溢。宋庄及凉水河蓄洪区规划建设标准为100年一遇。

规划实施分流蓄滞工程，近远期结合，构建"通州堰"系统分洪体系，加快建设上游规划水库及蓄洪区，拦蓄山洪水，削减温榆河下游流量，重点推进温潮减河及宋庄蓄洪区建设，控制汇入干流的洪水，加快建设北运河左岸现状堤防不达标地段堤防工程，到 2035 年满足城市副中心 100 年一遇的防洪标准。

防涝规划：北京城市副中心规划防涝标准为 50 年一遇，其中规划行政办公区防涝标准为 100 年一遇，规划下凹立交桥区泵站防涝标准为 50 ~ 100 年一遇。保障北京城市副中心在发生 50 年一遇、100 年一遇降雨时，市政道路积水控制在 15 cm 以内。排涝河道按照 50 年一遇洪水设计，20 年一遇洪水位基本不淹没城市主要雨水管道出口内顶，雨水不能自排的低洼地区设泵站排水，规划蓄涝区设计标准为 50 年一遇。

规划新建蓄涝区 6 处，总用地面积 90 hm²，调蓄水量约 267 万 m³，规划新建排涝泵站 4 座，总规模约为 52 m³/s，总用地面积约为 3.55 hm²；规划治理 17 条排涝河道，河道上口宽度为 15 ~ 160 m，绿化隔离带宽度为 10 ~ 30 m。规划北京城市副中心新建主要雨水管道 268 km，管径为 Φ600 mm（圆管）、4200 mm×2000 mm（方涵），规划新建下凹桥雨水泵站 16 座、改建下凹桥雨水泵站 16 座，规划新建小区泵站 14 座，改建小区泵站 2 座，规划新建雨水蓄排设施 13 座。

4.《北京城市副中心污水排除与处理工程规划》

《北京城市副中心污水排除与处理工程规划》中提出规划在北京城市副中心中心布置 4 座再生水厂，分别为碧水再生水厂、河东再生水厂、张家湾再生水厂及减河北再生水厂。河东再生水厂流域范围为：西至北运河，北至运潮减河，东至东小营东路东侧，南至北运河，总流域面积约为 25 km²，北京城市副中心海绵城市试点区位于河东再生水厂流域范围内，河东再生水厂平均日污水量为 5.4 万 m³，规划改扩建河东再生水厂，规划规模为 12 万 m³/d，用地面积约为 13.5 hm²。

本规划中将城市副中心划分为 29 个污水分区，海绵城市试点区内有 6 个污水分区，规划新建污水管道 46.7 km，管道管径为 Φ400 mm ~ Φ1600 mm。规划在海绵城市试点区内结合公共绿地，公用停车场、学校操场等用地，预留初期雨水调蓄用地 22 处，总用地面积约为 1.62 hm²，调蓄水量约 7.69 万 m³。

二、北京市海绵城市建设相关地方标准

1.《雨水控制与利用工程设计规范》（DB11/ 685—2013）

低影响开发雨水系统是城市内涝防治综合体系的重要组成部分，应与城市雨水管渠系统、超标雨水径流排放系统同步规划设计。

为充分收集利用雨水资源，发挥低影响开发设施在防洪中的源头作用，根据《雨水控制与利用工程设计规范》（DB11/ 685—2013），雨水控制与利用规划应优先利用低洼地形、下凹式绿地、透水铺装等设施滞蓄雨水，减少外排雨水量。新建工程硬化面积达 2000 m² 及以上的项目，应配建雨水调蓄设施，每平方千米硬化面积配建调蓄容积不小于 30 m³ 的雨水调蓄设施；凡涉及绿地率指标要求的建设工程，绿地中至少有 50% 的下凹式绿地，以便于滞蓄雨水；公共停车场、人行道、步行街、自行车道、休闲广场、室外庭院的透水铺装率不小于 70%。

2.《城镇雨水系统规划设计暴雨径流计算标准》（DB11/T 969—2016）

《城镇雨水系统规划设计暴雨径流计算标准》（DB11/T 969—2016）对规范本市城镇雨水系统规划设计工作，提高雨水系统规划设计质量和水平，确保城镇雨水系统的安全可靠，减少城镇内涝灾害具有重要作用，标准中规定了城镇雨水系统规划设计中暴雨径流计算的基本方法和参数，适用于本市范围内城镇雨水系统的规划和设计，以及内涝积水模拟计算。

按照标准中的分区选取合适的计算方法，构建数学模型，对试点区内的洪涝风险及合流、溢流进行评估，根据用地类型及其重要性、地形特点和气候特征等因素确定管渠设计重现期，合理设计管网建设工程，根据模型分析和计算合理设计调蓄设施，有效解决洪涝灾害、合流、溢流等问题，保障水安全，保护水环境。

3.《集雨型绿地工程设计规范》（DB11/T 1436—2017）

《集雨型绿地工程设计规范》（DB11/T 1436—2017）有助于推进海绵城市建设，提高北京市绿地雨水管理能力，充分利用渗、滞、蓄、净、用、排等多种技术，发挥绿地的生态效益，促进城市良性水文循环，减轻城市内涝。规范中规定了集雨型绿地

工程设计的基本要求、总体设计、雨水系统设计、雨水设施设计等技术要求，集雨型绿地设计应符合雨水控制利用等相关规划，应因地制宜，促进雨水径流的自然积存、自然渗透、自然净化。规范对集雨功能做了规定，应包括以下一种或者几种：减少雨水径流外排总量；错峰延时排水，控制峰值流量；雨水资源化回用。雨水系统的设计，应使得建设区域的外排雨水总量不大于开发前的水平。绿地建设区域内年径流总量控制率不应低于90%，承接客水的绿地竖向高程应与周边区域竖向相协调，保证雨水径流以重力流方式传输，高水高排、低水低排、就近消纳，科学设计上游汇水分区的调蓄能力，合理控制地势较低处汇水分区的调蓄压力。

同时要求在景观水系、雨水湿地、雨水塘等调蓄设施前应设置前置塘、卵石过滤池、沉砂池等水质预处理设施，雨水系统末端应设置超量溢流排放措施，保障集雨型绿地安全。

综合考虑周边场地竖向与市政给排水条件等，统筹地形与场地条件，合理规划雨水径流路径，结合土壤、水文、气象和市政条件等客观因素确定雨水系统主要设施的布局与规模，加强径流污染控制和调蓄回用。

4.《下凹桥区雨水调蓄排放设计规范》（DB11/T 1068—2014）

为保障北京地区立交桥道路安全正常通行，提高排水系统安全可靠程度，减轻内涝灾害，北京地区新建和改建的下凹桥区雨水调蓄排放系统按照《下凹桥区雨水调蓄排放设计规范》（DB11/T 1068—2014）进行规划设计。规范中要求新建下凹桥区雨水调蓄排放系统能力应达到50年重现期校核标准，改建下凹桥区雨水调蓄排放系统能力应通过综合措施逐步达到50年重现期校核标准。

同时，规范要求新建下凹桥区雨水调蓄排放系统应设置初期雨水收集池，改造项目宜设置初期雨水调蓄池，调蓄设施可与绿化、路面清洗等雨水利用设施连接。要求新建下凹桥区雨水收集系统设计重现期应不小于10年，并按50年重现期标准校核，改造下凹桥区雨水收集系统设计重现期应不小于5年，并按10～50年重现期校核。

5.《节水型林地、绿地建设规程》（DB11/T 1502—2017）

《节水型林地、绿地建设规程》（DB11/T 1502—2017）中对节水型林地、绿地建设的一般要求、场地整理、雨水设施建设、节水植物配置、节水灌溉和蓄水保墒等技术作出了要求。节水型林地、绿地在建设前期应调查收集种植区域的地形、土壤、气象、水源、水文地质等资料，场地整理应充分调节地表径流、控制水土流失，减少重力侵蚀，保证 24 h 降雨量 30 mm（3 年一遇）的降水不外排，优先选用雨水、再生水等非常规水源进行灌溉。

　　规程对雨水设施建设作出了建设要求，雨水设施主要包括传输设施、滞留渗透设施，其中传输设施包括植草沟、旱溪、雨水沟渠，滞留渗透设施包括下沉式绿地、雨水花园、透水铺装、渗水井、湿塘、雨水地下储存设施、水质处理设施，并对各种设施的建设参数作出了明确要求。

第三节
试点区区域基本情况

一、气象特征

通州区位于纵贯南北的京杭大运河的最北端,境内大小河流 13 条,是典型的因河而生、因河而兴的城区。通州区地处永定河、潮白河冲积平原,地势平坦,自西北向东南倾斜,海拔最高点 27.6 m,最低点仅 8.2 m。其土质多为潮黄土、两合土、砂壤土,土壤肥沃,质地适中。全区森林覆盖率为 27.3%,林木绿化率为 31.3%,城区绿化覆盖率为 51.3%,人均公园绿地面积为 23.2 m²。气候属温带大陆性半湿润季风气候区:春天干旱少雨、多风、蒸发强度大;夏季炎热多雨;秋季天高气爽,风和日丽;冬季干燥寒冷,盛行偏北风。多年平均年降水量为 535.9 mm,多年平均年蒸发量为 1308 mm(图 2-4)。汛期(6—8 月)降水量占全年降水量的 80% 以上,汛期降水又常集中在 7 月下旬和 8 月上旬,极易形成洪涝灾害。多年平均气温为 14.6 ℃,最高月平均气温发生在 7 月份,为 26.0 ℃;最低月平均气温发生在 1 月份,为 -4.7 ℃,

平均年温差为 30.7 ℃。最大冻土深度为 0.56 m，年平均风速为 2.6 m/s。

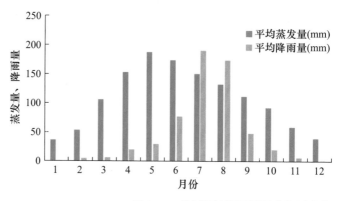

图 2-4　多年平均降雨量及蒸发量分布

二、地形地貌

通州区地处永定河、潮白河冲积平原地带，属第四纪沉积物地貌，基岩底凹凸不平，沉积厚度不一，差异较大。地势自西北向东南倾斜，坡降 0.3～0.6，局部地区略有起伏。境域北部，由张家湾东北经通州镇至宋庄一线西北部地区，地面高程均在 20 m 以上，地形较为复杂，现仍有明显的陡坎、冲沟，呈缓坡状态遗迹和沙丘等阶地地貌特征；东部北运河与潮白河之间的地区，由于近代河流泛滥堆积作用，其地势表现为近河床高，远河床低的态势，形成顺河床延伸的条形洼地；西部与南部为永定河作用地域，地势呈现由东北至西南向上的波状起伏之势。

海绵城市建设试点区地质地貌条件符合通州区总体特征，地面高程在 19～28 m 之间，高差 9 m，整体坡度较为平缓（图 2-5）。

考虑到试点区有大部分建成区，从防涝角度，在开发建设之前实施竖向管控，结合道路规划提出了竖向控制标高，待试点区全部建成后，区域的地形将会发生较大变化（图 2-6）。

图 2-5　试点区高程分析

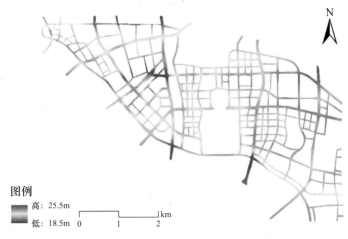

图 2-6　试点区道路节点竖向控制

三、河流水系

通州区地势低凹，多河汇聚，自古有"九河之梢"之称，境内各河流分属海河流域的北运河水系和潮白河水系（图 2-7）。境内的北运河水系流域面积 791 km²，占通州区总面积的 87%，流经通州区的干支流有温榆河、北运河、通惠河、小中河、中坝河、凉水河、萧太后河、玉带河、凤港减河、港沟河、凤河等；运潮减河与京杭大运河同始于通州北关源水岛，是连接北运河与潮白河的人工排水河道，也是北京市东郊主要分洪河道，全长 11.5 km，流域面积 20 km²，位于通州东部，干支流主要包括潮白河、运潮减河和翟减沟。

图 2-7　通州区河流水系示意

北运河上游为温榆河，北关闸以下称北运河，北运河纵穿通州中东部，在通州境内长 41.9 km，承担着北京城区 90% 的排水任务。汛期（6—9 月）径流量约占全年径流量的 70%。

试点区内运潮减河起点位于北运河北关分洪闸，沿京哈高速向东，而后穿京秦铁路转向东南，纳入翟减沟，最终于师姑庄以南汇入潮白河。2012 年 7 月 21 日，北京市发生特大暴雨，北关拦河闸上实测洪峰流量 1650 m³/s，其中拦河闸下泄洪峰流量 1200 m³/s，分洪闸洪峰流量 450 m³/s。

试点区内在行政办公区西南侧新开挖镜河，全长 3.5 km，水域面积 24 万 m²，蓄水量约 46 万 m³，北起运潮减河，南至北运河，在河道两侧修建排水暗涵，在河道末端修建排涝泵站，在河道两端修建水闸。

四、下垫面情况

现状主要下垫面包括城市绿地用地、建筑与小区用地、城市水系、道路用地等（图 2-8）。

图例
■ 城市绿地用地
■ 建筑与小区用地
■ 城市水系
□ 道路用地

图 2-8　下垫面类型分布示意

建成区面积 7.41 km²，包含 3.33 km² 的水域面积。建成区地质地貌条件符合通州区总体特征。建成区建设用地面积约 4.08 km²。

行政办公区占地 6.75 km²，原下垫面主要包括农田、村庄建设用地、城镇建设用地和道路用地等，其中村庄和城镇等建设用地大部分已经完成拆迁，仅保留东北部的中学和两块居住用地。目前已先期建设了行政办公区"'四大四小'工程项目"，总用地面积为 1.12 km²。

其他新建区规划建设包括：后北营安置房、职工周转房、中国人民大学通州新校区等项目。

五、地下水水位

通州区第四纪地层广泛分布，属松散岩类孔隙水，厚度较大，含水层较好，地下水百米内含水层之间除局部水力联系不好外，绝大多数地区的含水层均有较好的水力联系。

区内地下水的流向为北运河以北及以东地区自北向南流动，北运河以西及以南地区则为自西北向东南流动。建成区内东果园北街、北运河东滨河路、芙蓉东路和水仙东路 4 条道路的勘测报告显示，地下水初见水位埋深在 10.50 ~ 14.00 m 之间，稳定水位埋深在 9.30 ~ 13.50 m 之间（表 2-1）。根据行政办公区的岩土工程详细勘察数据显示，该区域水位埋深为 7.00 ~ 7.40 m。

表 2-1　道路地勘地下水位统计

道路名称	初见水位埋深（m）	稳定水位埋深（m）
东果园北街	11.70 ~ 14.00	11.40 ~ 13.50
北运河东滨河路	11.50 ~ 12.50	11.00 ~ 11.80
芙蓉东路	10.50 ~ 12.90	9.30 ~ 12.00
水仙东路	10.50 ~ 11.50	10.00 ~ 10.80

六、地质及土壤

通州区全境地表覆盖着深厚的第三纪与第四纪松散沉积物，构成现代冲积扇形平原和冲积低平原。土壤质地受地貌、地形和气候、水文、地质条件影响，形成多种土壤。成土母质有洪冲积物、冲积物和风积物3种类型。境内土壤可以分为褐土、潮土、风沙土、沼泽土4种土类，细分为9个亚类，16个土属和64个土种。而试点区土壤类型则以潮土为主。对试点区内东果园北街、北运河东滨河路、芙蓉东路和水仙东路4条道路进行地质勘测（图2-9），报告显示，建成区表层土质以粉质黏土为主，往下依次是细砂、中砂、粗砂等。综合竖向渗透系数根据不同土质分布厚度有所区别，详见表2-2。

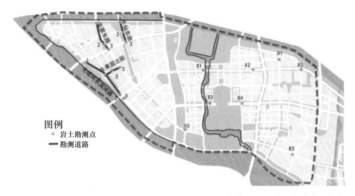

图2-9　岩土勘探点位

表2-2　勘测道路渗透系数统计

道路名称	钻孔编号	综合竖向渗透系数（cm/s）
东果园北街	1	2.96×10^{-5}
	2	3.83×10^{-4}
	3	2.72×10^{-6}
北运河东滨河路	1	1.00×10^{-6}
	2	6.13×10^{-4}
	3	1.41×10^{-3}
芙蓉东路	1	2.19×10^{-5}
	2	5.31×10^{-4}
	3	1.58×10^{-3}
水仙东路	1	2.08×10^{-5}
	2	4.06×10^{-5}
	3	2.09×10^{-5}

行政办公区和中国人民大学通州新校区及周边区域属新建区，两区域毗邻，土地利用类型和开发程度相近，土壤渗透情况相似。根据行政办公区内开展的岩土工程详细勘察数据，行政办公区内的地表岩性呈现出比较明显的分层特性。地表以下0～8m范围内，岩性成因年代主要为人工堆积层和新近沉积层，岩性以粉质黏土和黏质粉土为主，渗透性较差。地表以下8～20m范围内，岩性成因年代主要为新近

沉积层，岩性以细砂、中砂为主，渗透性相对较好。

综上，试点区表层土壤基本以粉质黏土为主，渗透系数基本在 1.00×10^{-4}cm/s 左右，部分区域开展以渗为主的海绵设施建设需要换土。

七、试点区排水分区划分

1. 排水分区划分

排水分区划分原则：①试点区内的排水分区主要以雨水排河口、合流制雨污水溢流排河口为终点，提取排水管网系统，并结合地形坡度、地表汇流过程与管渠汇流的综合分析来划分。②各排水分区内排水系统自成相对独立的网络系统，且不互相重叠。③排水分区的边界应结合地形地貌、管渠汇流范围、城市用地布局等综合确定。

根据上述原则，在借鉴《北京城市副中心排水（雨水）与防涝工程规划》管网排水布局与边界等成果的基础上，结合试点区内现状地形地貌、高程、地形坡度等因素，将试点区划分为 16 个排水分区，各分区的详细信息见表 2-3。

表 2-3　排水分区信息统计

排水区编号	面积（hm²）	排水去向
S1	136.34	北运河
S2	37.03	北运河
S3	121.17	北运河
S4	55.29	北运河
S5	16.56	运潮减河
S6	177.84	北运河
S7	29.23	镜河
S8	51.01	镜河
S9	166.74	镜河暗涵
S10	319.26	镜河暗涵
S11	21.80	镜河暗涵
S12	22.78	减运沟
S13	81.46	减运沟
S14	44.49	减运沟
S15	149.75	减运沟
S16	85.46	减运沟

2. 管控分区划分

在排水分区划定的基础上，为便于因地制宜制定海绵城市改造或管控策略，将试点区划分为三个管控分区（图 2-10），分别为建成区（S2 ~ S6 片区，约 4.08 km²，另有 3.33 km² 水域面积）、行政办公区（S7 ~ S11 片区，约 5.88 km²，另外有 0.87 km² 水域面积）和其他新建区域（S1，S12 ~ S16 片区，约 5.20 km²）。其中建成区与行政办公区之间由于六环路及京秦铁路的阻隔，水利联系很少。考虑到六环路将来入地后建设绿地的规划，行政办公区地块垫高不会对建成区产生不利影响。

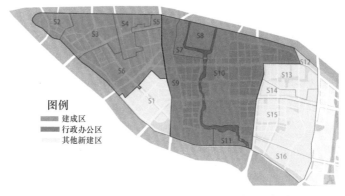

图 2-10　试点区管控分区划分

建成区的 5 个排水分区中，S2 分区部分区域为待建区，区内管网尚不健全，按照其规划管网和地势划分该分区；S3 分区部分为待建区，部分为商业、公建及住宅小区；S4 分区以住宅及商业建筑为主；S5 分区为住宅区；S6 分区为住宅、公建及商业建筑区。

行政办公区的 5 个排水分区中，S9 ~ S11 分区位于行政办公区范围内，根据《城市副中心行政办公区水系工程项目建议书》及《北京城市副中心排水（雨水）与防涝工程规划》，行政办公区新挖镜河并在两侧修建排水暗涵，所有分区雨水皆入镜河，最终排入北运河，以镜河东西侧暗涵为界，将该区域划分为 5 个排水分区，其中 S7、S9 分区雨水进入西暗涵，S10、S11 两分区雨水排入东暗涵。除 S10 部分地块在建或已基本建成，其他分区基本属于待建状态，以裸地为主。

其他新建区的 6 个分区中，S1 分区已建和在建小区 4 个，其他大部分为待建区，以裸地为主；S12 ～ S16 位于行政办公区东侧，目前用地规划暂未稳定，基于现有资料，将其划分为 5 个排水分区，各分区皆排入减运沟（试点区范围外）后进入北运河。除 S15 分区现状绝大部分属于城中村外，其余分区皆为待建区，以裸地为主。

本章参考文献

[1] 北京市规划和自然资源委员会 . 北京城市总体规划（2016 年 -2035 年）[R].2017.09.

[2] 北京市人民政府办公厅 . 关于推进海绵城市建设的实施意见 [E]. 京市人民政府网站 [2017-12-04].http://www.beijing.gov.cn/zhengce/zhengcefagui/201905/20190522_60725.html.

[3] 北京市规划和自然资源委员会，北京市通州区人民政府 . 北京城市副中心控制性详细规划（街区层面）（2016-2035 年）)[R].2019.01.

[4] 北京市通州区人民政府办公室 . 关于印发通州区海绵城市建设试点管理暂行办法的通知 [E]. 北京市通州区人民政府网站 [2017-07-24]. http://www.bjtzh.gov.cn/bjtz/xxfb/201808/1175641.shtml.

[5] 北京市通州区水务局 . 北京市通州区海绵城市建设试点系统化方案 [R].2018.12.

第三章

北京城市副中心海绵城市试点区
PPP 项目概况

第一节
试点区 PPP 项目建设情况

一、试点区 PPP 项目基本情况

2016 年，北京市通州区政府启动通州·北京城市副中心"两带、六片区"水环境治理 PPP 建设项目，项目范围包括：北运河生态水景（文化）旅游带、潮白河生态水绿隔离带，城北片区、两河片区、河西片区、台马片区、漷牛片区、于永片区，如图 3-1 所示。

北京城市副中心海绵城市试点区位于北京城市副中心两河片区内（图 3-2）。两河片区北至运潮减河（不含），西至北运河（不含），东至潮白河，南至北运河（不含）。试点区西南起北运河，北到运潮减河，东至春宜路，总规划面积 19.36 km^2，包括试点建成区 7.41 km^2（含 3.33 km^2 水域面积）、行政办公区 6.75 km^2、其他新建区 5.20 km^2。

图 3-1　北京城市副中心"两带、六片区"水环境治理 PPP 建设项目范围

图 3-2　北京城市副中心海绵城市试点区区位

2016 年 8 月，北控水务（中国）投资有限公司与北京建工集团有限责任公司作为联合体中标北京城市副中心两河片区水环境治理 PPP 项目，即将海绵城市试点区

PPP 项目范围涵盖其中。

北京城市副中心海绵城市试点区 PPP 项目主要分布在建成区，S2 ～ S6 排水分区内，项目类型包括建筑与小区、道路与广场、公园与绿地等 27 项源头地块类海绵城市建设项目。

北京市通州区海绵城市建设领导小组办公室制定了《北京市通州区海绵城市建设试点海绵城市建设目标任务书》，通过目标任务书的形式将建设任务和目标落实到各个任务单位。北京城市副中心海绵城市试点区建设共涉及 17 家目标责任主体，共 134 个建设项目。北京北控建工两河水环境治理有限责任公司作为试点建成区 PPP 项目建设单位，与其他单位共同实施海绵城市试点区项目建设任务。PPP 项目在试点建成区各排水分区中的分布见表 3-1。

表 3-1　PPP 项目所处排水分区

序号	排水分区	项目名称
1	S2	通州区海绵城市试点工程月亮河片区海绵小区改造工程
2	S3	通州区海绵城市试点工程通州文化馆图书馆海绵改造工程
3	S3	通州区海绵城市试点工程北京小学通州分校海绵改造工程
4	S3	通州区海绵城市试点工程河畔丽景海绵小区改造工程
5	S3	通州区海绵城市试点工程加华印象街海绵小区改造工程
6	S3	通州区海绵城市试点工程通州自来水公司海绵改造工程
7	S3	通州区海绵城市试点工程大顺斋食品厂海绵改造工程
8	S3	通州区海绵城市试点工程民族幼儿园海绵改造工程
9	S3	通州区海绵城市试点工程武夷水岸花城海绵小区改造工程
10	S3	通州区海绵城市试点工程水仙园海绵小区改造工程
11	S3	通州区海绵城市试点工程武夷大地幼儿园海绵改造工程
12	S4	通州区海绵城市试点工程月季雅园幼儿园海绵改造工程
13	S4	通州区海绵城市试点工程紫荆雅园海绵小区改造工程
14	S4	通州区海绵城市试点工程哈佛摇篮幼儿园海绵改造工程
15	S4	通州区海绵城市试点工程牡丹雅园海绵小区改造工程
16	S4	通州区海绵城市试点工程月季雅园海绵小区改造工程
17	S6	通州区海绵城市试点工程 BOBO 自由城海绵小区改造工程
18	S6	通州区海绵城市试点工程运河园海绵小区改造工程
19	S6	通州区海绵城市试点工程 K2 百合湾海绵小区改造工程
20	S6	通州区海绵城市试点工程紫运西里东区海绵小区改造工程

序号	排水分区	项目名称
21	S6	通州区海绵城市试点工程新华联运河湾（北区）海绵小区改造工程
22	S6	通州区海绵城市试点工程新华联运河湾（南区）海绵小区改造工程
23	S6	通州区海绵城市试点工程芙蓉小学海绵改造工程
24	S6	通州区海绵城市试点工程紫运西里西区海绵小区改造工程
25	S6	北京城市副中心雨污合流管线改造工程—桦秀路、紫运北街排水工程
26	S6	通州区海绵城市试点工程桦秀路海绵道路改造工程
27	S6	通州区海绵城市试点工程紫运北街海绵道路改造工程

二、试点区 PPP 项目建设思路

北京城市副中心海绵城市 PPP 项目主要分布在试点的建成区，试点建成区海绵城市建设以问题为导向，以城市建设和生态保护为核心，结合海绵城市建设的目标，转变传统的建设观念，按照"源头削减、过程控制、系统治理"的技术路线，以解决试点区内涝、控制雨水面源及合流制溢流污染、提高雨水收集利用率为目标，以源头海绵改造、过程管网提标和末端调蓄池建设为抓手，系统推进区域整体治理。其中建筑与小区、城市道路、绿地与广场的源头改造策略如图 3-3 ～图 3-6 所示。

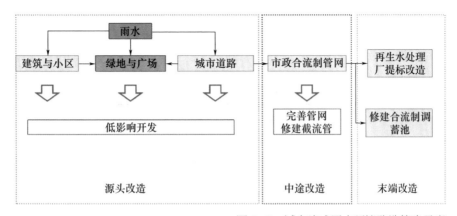

图 3-3　试点建成区水环境改造策略示意

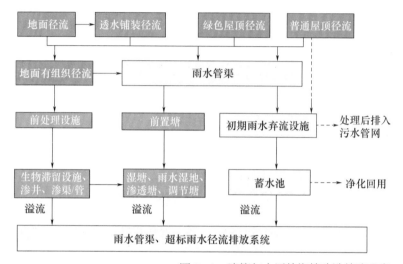

图 3-4　建筑与小区的海绵改造策略示意

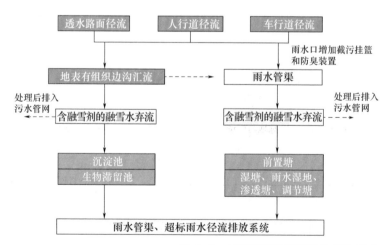

图 3-5　城市道路的海绵改造策略示意

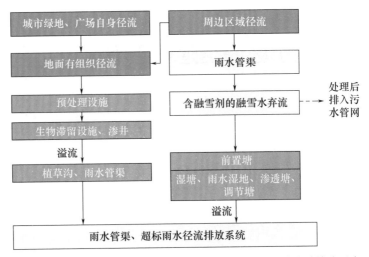

图 3-6　绿地与广场的海绵改造策略示意

第二节
住宅小区海绵建设工程

北京城市副中心海绵城市试点区 PPP 项目主要为建成区源头类海绵改造工程。建成区老旧建筑与小区由于建设年代早，配套设施标准低，小区基础设施破损严重，硬化率高、用地紧张且功能混杂；施工操作空间小，地下管线复杂，施工难度大，影响小区居民生活出行等一系列突出问题成为试点区海绵城市改造的重点与难点。

根据《北京城市副中心控制性详细规划（街区层面）（2016 年—2035 年）》批复，明确要努力建设国际一流的和谐宜居之都示范区、新型城镇化示范区和京津冀区域协同发展示范区，建设绿色城市、森林城市、海绵城市、智慧城市、人文城市、宜居城市，使城市副中心成为首都一个新地标，成为新时代城市建设发展的典范。基于副中心高起点、高标准的要求，经过近 3 年实践探索，试点区海绵城市建设初见成效，已形成一批可推广、可复制的示范项目。

一、绿色宜居紫荆雅园海绵小区改造工程

1. 项目基本情况

武夷花园社区位于北京城市副中心海绵城市试点区 S4 排水分区北侧，北侧临近堡龙路，东邻东六环路，西靠牡丹路，南近通胡路，占地约 31.3 万 m²（图 3-7），由东往西依次分为月季雅园、紫荆雅园、牡丹雅园三部分。

紫荆雅园建于 2003 年，占地面积为 11.61 万 m²，包含 17 栋建筑。紫荆雅园海绵小区改造工程于 2018 年 5 月完工，是副中心首批老旧小区源头减排改造工程。

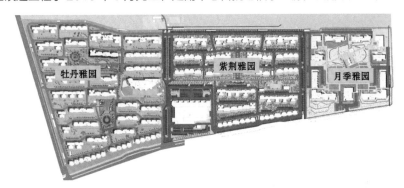

图 3-7　武夷花园社区平面

紫荆雅园现状绿地面积 38 327 m²，硬化屋顶面积 23 428 m²，道路面积 17 612 m²，现状绿化率 33.4%，建筑密度 20.4%。经计算，小区现状下垫面综合雨量径流系数为 0.6。

小区现状为雨污分流排水体制，共四个排水出口，分为南北两个区域，以梧桐大道为界，分属 2 个雨水收集系统。雨水管直径为 DN400~DN1000。梧桐大道以南的雨水排入通胡路雨水管，梧桐大道以北的雨水排入小区北侧的雨水收集管，如图 3-8 所示。

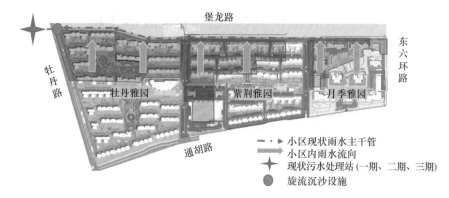

图 3-8　武夷花园社区现状排水分析

2. 问题与需求

根据所收集的文件资料以及对武夷花园物业管理公司的现场调研可知，紫荆雅园小区建设年代较早，设计标准偏低，基础设施年久失修，从现状排水、景观、道路交通等方面分析，紫荆雅园主要存在以下问题：

（1）小区现状硬质路面占比较高，且年久失修，铺装破损较为严重，局部存在低洼积水处，不利于雨水收集排除（图 3-9）。在海绵城市改造过程中，需结合老旧小区的路面修补等工作同步施工，将硬质铺装路面改造为透水铺装。

图 3-9　小区铺装现状

（2）建筑屋顶雨水经雨落管和散水后漫排，不利于后续低影响开发（LID）改造的集中收水；其中部分雨落管紧邻入户门，造成雨天时楼栋入口地面湿滑，存在安全隐患。

（3）小区绿地大部分采用微地形设计，绿地普遍高于道路（图 3-10），不利于雨水就地消纳和径流控制，同时导致建筑南侧庭院雨水倒灌难以排出。大雨时路边绿化带径流雨水携带落叶、泥土等杂物冲入道路，污染路面，堵塞雨水篦子等排水设施。

图 3-10　小区绿化现状

（4）现状雨水收集支管不完善，楼宇之间无雨水管道，应根据海绵城市建设要求对小区雨水管线进行复核。

（5）小区绿化率较高，达到 33.4%，但品种单一、分布较为均匀。社区公共休憩空间不足，内部交通未完全实现人车分流，居民对小区景观绿化环境的提升呼声较大。

（6）小区道路及绿化浇洒用水量较大，再生水处理能力不足，回用收集雨水在实现水资源化利用的同时也可促进源头减排。

3. 海绵城市设计目标与思路

根据《北京市通州区海绵城市建设试点海绵城市建设目标任务书》规定的目标要求，该项目设计指标如下：

年径流总量控制率 ≥ 75%，对应设计降雨量为 23.46mm。

雨水资源利用率达到 3%。

设计暴雨重现期为 3 年。

年 SS 总量控制率不小于 37.5%。

排涝标准为 50 年一遇。

总体指导思想为：充分结合小区现状，以问题为导向，修旧利废。从小区现状存在的问题出发，按照海绵城市建设源头减排、过程控制、系统治理的指导思想，坚持统筹协调、问题导向、因地制宜、灰绿结合、开放共享、示范引领的原则，以绿色 LID 源头减排设施的建设为主，综合采用渗、滞、蓄、净、用、排等技术手段，兼顾小区基础设施修补，完善小区雨水系统，提升居民居住环境品质，改善居民生活质量，打造海绵示范小区（图 3-11）。

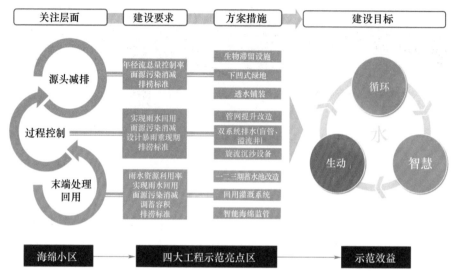

图 3-11 紫荆雅园海绵改造思路

（1）充分利用现有雨水管道、调蓄设施、再生水管网，将现有污水处理及再生水处理装置改造为雨水处理及回用设施，避免大拆大改，降低工程投资和施工难度，提高工程方案可实施性，保障示范工程的顺利进行。

（2）对小区进行整体竖向分析，在小区道路透水铺装改造中，以现状道路控制点标高及建筑物入户标高为基准，系统调整道路及景观绿化带微地形坡向，有效组织地面径流。

（3）以小区路网地形为基础，结合现状雨水管道的布置，划分雨水排水分区，因地制宜地采用雨水花园、雨水花坛、下凹式绿地、透水铺装、透水沥青、蓄水模块、渗透、透水混凝土、线性排水沟等收集屋顶、道路的雨水。渗透设施应部分更换介质土，满足下渗速率要求，保证 LID 设施切实发挥作用，达到海绵小区建设目标，保障居民充分享受公共资源的权利。

（4）根据实际情况，本着适度分散与相对集中相结合的原则，各个子排水分区间 LID 设施尽量集中建设，方便施工及后期运营维护。

（5）更换居民楼破损雨落管，通过植草沟、渗沟等设施将原屋顶散排雨水有组织地引入 LID 设施中。

（6）采用上部溢流、底部盲管渗排双系统排水方案，保障排水安全，充分发挥 LID 设施去除雨水污染物的作用。

（7）重新组织小区交通，实现人车分流，将小区人行道改为透水混凝土路面，将车行道路面改造为透水沥青路面，在对小区现有设施修补的同时达到透水铺装率的建设目标。

（8）LID 设施的建设应尽量避开地下管线、检查井、蓄水池等设施，胸径大于 10 cm 的现状乔木应予以保留。

4. 总体方案设计

1）排水分区

本着充分利用现有设施的原则，根据现状小区地形及管网、检查井情况，进行数值模型及推理计算后，仍维持小区原五大排水分区（图 3-12）。在大排水分区的基础上，以小区路网、地形及房屋的分水岭为基础，结合现状雨水管道的布置，划分雨水排水分区，在此基础上，进一步细分 LID 子排水分区，将小区划分为 44 个子排水分区（图 3-13），保证 LID 设施切实发挥作用，达到海绵社区建设目标。

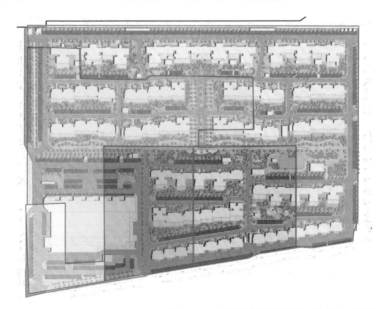

图 3-12　紫荆雅园小区原五大排水分区

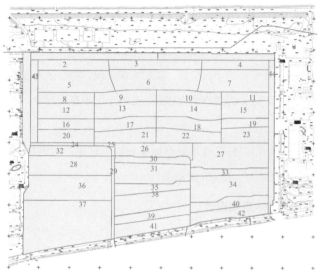

图 3-13　紫荆雅园小区 LID 子排水分区划分

2）技术路线

紫荆雅园海绵小区改造技术路线如图 3-14 所示，雨水降至紫荆雅园小区内绿地、硬质屋顶、道路铺装等下垫面形成径流，通过有组织地将雨水引入生物滞留设施、下凹式绿地、透水铺装等 LID 设施，经滞蓄、净化后，下渗收集进入调蓄设施进行回用，超标溢流雨水进入市政雨水管网。

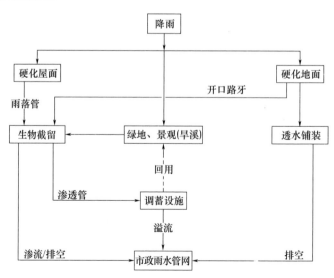

图 3-14　紫荆雅园海绵小区改造技术路线

3）设施选择与总体布局

从小区现状存在的问题出发，以绿色 LID 源头减排设施的建设为主，综合采用渗、滞、蓄、净、用、排等技术手段，兼顾小区基础设施修补，完善小区雨水系统。根据下垫面情况计算各排水分区所需径流控制量，结合业主单位需求，经过方案比较，选取综合效益最优的方案进行 LID 设施合理布置，如图 3-15 所示。

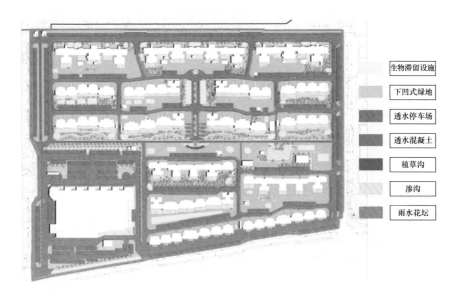

图 3-15　LID 设施平面布局

5.　实施效果复核

1）年径流总量控制率

根据 1 年一遇重现期 2 h 雨量分配，可以计算出原场地外排水流量和累计径流量，根据图 3-16 所示，场地实际外排水量为 0。

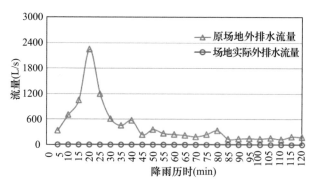

图 3-16　1 年一遇原场地外排水流量曲线和实际外排水流量曲线

年径流总量控制率计算：要实现年径流总量控制率为 75% 的目标，即控制 23.46 mm 降雨量无外排。

项目场地内设计降雨控制量：$V_{原径流}$=1 595.56 m³，海绵改造后场地实际综合径流系数：φ_2=0.46，LID 设施有效调蓄量为：$V_{有效}$=2 343.85 m³，设计年降雨量：大于 23.46 mm，计算年径流总量控制率为 84.2%。

2）峰值控制计算

根据《雨水控制与利用工程设计规范》，本工程设计暴雨重现期为 3 年、5 年。根据上述计算方法，可计算出 3 年、5 年重现期雨水外排削减情况，见图 3-17、图 3-18。

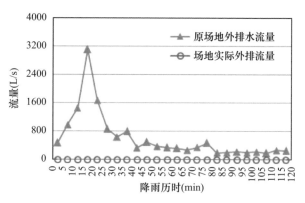

图 3-17　3 年一遇原场地外排水流量曲线和实际外排流量曲线

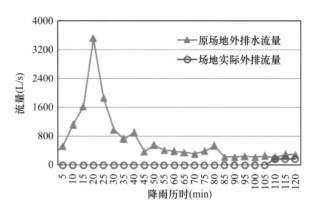

图 3-18　5 年一遇原场地外排水流量曲线和实际外排水流量曲线

1 年、3 年和 5 年重现期下的外排水削减数据统计见表 3-2。

表 3-2　雨水控制效果

项目	1 年一遇	3 年一遇	5 年一遇
外排水峰值流量 (L/s)	0	0	301.08
削减率	100%	100%	88.83%
峰值延后时间 (min)	120	120	110
外排水总量 (m³)	0	0	183.79
外排水径流系数	0	0	0.2

通过以上计算，根据规范确定的专项控制指标，可以达到外排水径流系数不大于 0.4，年径流总量控制率不小于 75% 的要求。

3）年径流总污染去除率计算

根据《海绵城市建设技术指南——低影响开发雨水系统构建（试行）》对年 SS 总量控制率进行模拟计算，本工程通过设置透水铺装、生物滞留设施可达 64.6%，去除效果较好。

4）雨水综合利用

本工程建成后绿地面积为 36 031 m²，绿化年用水量为 10 089 m³。本工程雨水资源化利用率要求为不低于 3%。经计算紫荆雅园目标雨水收集回用量为 2037 m³/a，紫荆雅园最大雨水收集回用量为 3539 m³/a，大于资源化利用目标 2037 m³，满足资源化利用水量要求。

6. 模型校核

应用暴雨洪水管理模型（SWMM）软件对紫荆雅园实施效果模拟评估（图3-19），采用北京短历时雨型，模拟 2 h 降雨 23.46 mm（75%）的情况，能实现年径流总量控制率84.2%。

通过布置 LID 设施后对小区径流总量和径流峰值有一定程度的削减，但对 5 年一遇以上的径流峰值削减率较低（图3-20）。

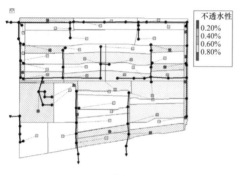

图 3-19　紫荆雅园 SWMM 构建

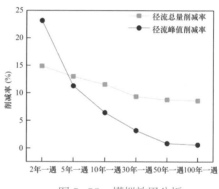

图 3-20　模拟效果分析

7. 建成效果

紫荆雅园小区海绵建设工程造价为 261 元 /m²，该项目经过雨季的验收，效果显著，实现了"小雨不积水、大雨不内涝、水体不黑臭、热岛有缓解"的目标。同时，小区居民的生活环境得到了改善，生活品质得到了提升，土地价值得到了提高（图3-21 ~ 图3-29）。随着媒体报道，紫荆雅园小区海绵工程在试点区起到了示范作用，得到了公众的赞许，具有良好的社会效益。

图 3-21　小区入口休闲绿道改造

图 3-22　小区梧桐大道透水铺装改造

图 3-23　小区休闲广场改造

图 3-24　小区中心下沉广场

图 3-25　小区结构透水砖停车位

图 3-26　小区雨落管缓冲设施改造

图 3-27　小区下凹式绿地

图 3-28　小区绿地生物滞留池

图 3-29　小区旱溪

二、紫运西里西区海绵小区建设工程

1. 项目基本情况

1）项目概况

紫运西里西区位于北京城市副中心海绵城市试点区 S6 排水分区，东临荔景西路，北接紫运北街，南至水仙南街。小区建于 2013 年，面积 29 605 m²，属安置房小区，共有 1139 户居民。小区于 2020 年完成海绵改造工程，结合海绵城市 LID 的原则，优化空间功能，在景观设计中植入海绵元素作为项目创新和可持续技术亮点。工程以问题为导向，重新梳理了小区交通、活动空间，消除积水点，增强排水能力和防涝能力，为居民创造便捷舒适的室外生活空间，使小区成为北京城市副中心海绵城市绿色宜居样板小区。

2）现状下垫面分析

小区主要有硬质屋顶、停车场、沥青地面、广场铺装、绿地等下垫面（图 3-30），场地有大面积硬化、不透水铺装，局部下沉和破损严重。

根据场地内的下垫面类型，综合计算得出场地现状的综合雨量径流系数为 0.56（表 3-3）。

表 3-3　现状下垫面情况分析

下垫面	面积（m²）	占比
硬质屋顶	6510	21.9%
停车场	2038	6.9%
沥青地面	6351	21.5%
广场铺装	3331	11.2%
绿地	11375	38.5%
总面积	29605	100%
综合径流系数	0.56	

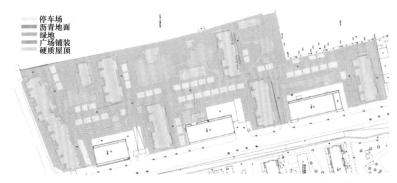

图 3-30　下垫面情况分析

3）雨水排水现状分析

小区采用雨污分流制，雨水管网最终均排向东侧市政雨水排水系统（图 3-31）。雨水口内枯枝落叶积存，雨水篦子分布不充分，无法有效收集及排放雨水，易内涝积水。

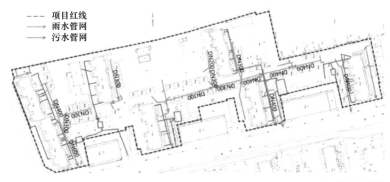

图 3-31　小区管网分析

4）现状地表径流流向和路面排水分析

高程和地表径流方向分析（图 3-32）：小区整体地势高低起伏，大体呈西高东低的趋势，有局部内涝问题。最低点为南侧小区入口，为 20.40 m。

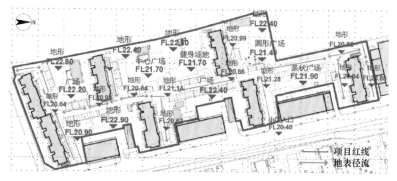

注：图中 FL 代表标高，单位为 m。

图 3-32　小区竖向分析

5）现状积水情况分析

经调查，暴雨期间小区主路段，25 号楼前、27 号楼前、28 号楼前、30 号楼前，以及 31 号楼前有积水问题（图 3-33）。停车位有下沉现象，雨天产生积水。积水区域需要调整地面竖向或增加排水设施。

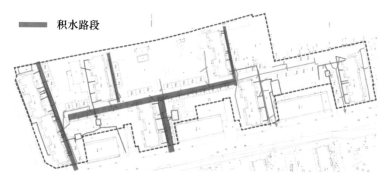

图 3-33　小区积水情况分析

2. 问题与需求

1）小区积水内涝治理

小区道路由于竖向不合理、局部破损和坍塌、停车位下沉等问题，导致暴雨时多次出现积水问题，对居民出行造成影响。小区大面积的非透水地面，产流系数高，暴雨时易形成大量雨水径流，径流总量控制率低。

2）雨水资源利用

小区无雨水回用水源，现状绿地浇灌全部使用自来水。北京市水资源较为紧缺，合理回用收集雨水实现雨水资源化利用的同时也可促进源头减排。

3）人居环境提升的需求

现状绿地通过回填建筑废料塑造微地形，土层透水性较差，植被长势不佳；小区内交通流线单一，无有效内部环路；非机动车停放缺少规划，拥堵现象严重。针对以上问题，结合居民诉求，优化小区空间格局，修复破损的基础设施，全面改善小区生活环境。

3．海绵城市设计目标

（1）总体目标：海绵城市，打造绿色宜居样板小区（图3-34）。

（2）定位：海绵邻里，宜居活力。

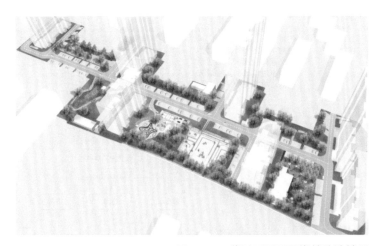

图3-34　紫运西里西区海绵改造效果

（3）具体目标：一是因地制宜，实现年径流总量控制率在60%~70%之间；二是年径流污染物（以SS计）去除率大于40%；三是消除积水点，增强排水能力和防涝能力；四是为居民创造便捷舒适的室外生活空间；五是创新和可持续技术亮点；六是有效控制成本，便于后期运营管理。

4．总体技术方案

1）技术路线

雨水降至小区内绿地、硬质屋顶、广场铺装等下垫面形成径流，通过竖向设计，有组织地将雨水引入下凹式绿地、雨水花园、透水铺装等 LID 设施，经收纳、滞蓄、净化，溢流雨水进入地下雨水管网排放（图 3-35~ 图 3-37 ）。

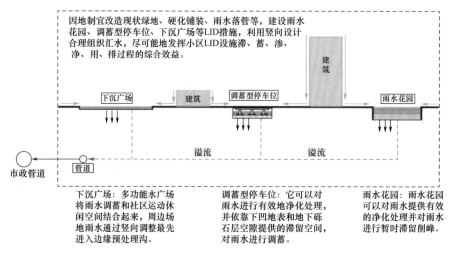

图 3-35　设计策略

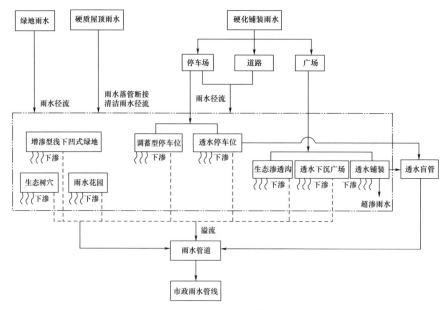

图 3-36　紫运西里西区海绵小区改造技术路线

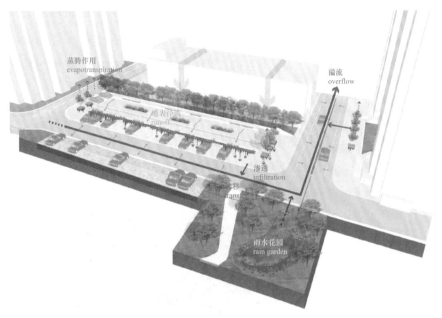

图 3-37 场地雨水管理原理

2）排水分区

划分原则：（1）一线一区：即排水管渠一条支线划分为一个排水分区；（2）一施一区：即有溢流口的各类设施的收水面积划分为一个分区。划分时结合以上两条原则合理划分。

按照改造后实际汇水情况划定为 22 个排水分区，见图 3-38。

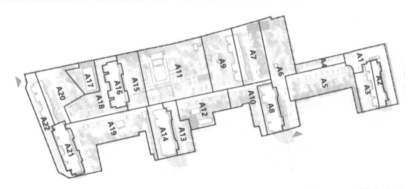

图 3-38 排水分区

3）设施选择

根据项目面临的突出问题和需求，结合小区现状不同下垫面条件，分别采取相应的低影响开发设施；重点选择雨水花园、绿地生态改造、透水铺装、调蓄型停车位等不同类型的设施进行雨水径流的源头滞蓄、净化、削减与资源化利用。

（1）调蓄型停车位（图3-39）：调蓄型停车位将停车位和生态滞留系统功能合二为一，节省LID设施占地空间，停车位从上到下构造有：镀锌钢隔板结构、200 mm厚表层蓄水空间、400 mm厚种植过滤层和草皮、透水无纺布（200g/m²）、500 mm厚储水砾石层（图3-40）。

图3-39　调蓄型停车位示意

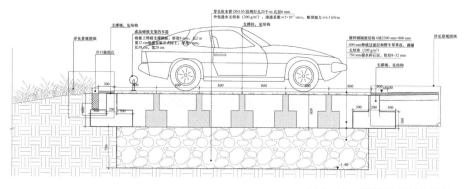

图3-40　调蓄型停车位做法

（2）绿地生态改造（图3-41）：对现存建筑废料堆土形成的高绿地进行改良，主要采用生态改良树穴（不移动乔木，在树穴周围换填保水、保肥材料）。将表层高边坡30 cm深劣质土换填为优质种植土并改善地被种植。对现存坡度较大地区采用松木桩和植草毯结合方式防治水土流失。

图 3-41　绿地生态改造示意

4）设施布局

根据紫运西里西区排水分区计算所需径流控制量和各排水分区下垫面情况，合理布置低影响开发设施。紫运西里西区小区共建设透水铺装 9220 m²；雨水花园 795 m²，调蓄容积 333.6 m³；调蓄型停车位面积 738 m²，调蓄容积 111.9 m³；下沉广场面积 431.6 m²，调蓄容积 56.1 m³。海绵设施系统总平面及改造后地表径流流向见图 3-42。

项目范围
雨水花园
雨水落管
下沉广场
雨水管线
展示牌
地表径流
溢流井
透水铺装
调蓄型停车位
增渗型浅下凹式绿地
生态渗透沟
溢流管

图 3-42　海绵设施系统布局

5）设施规模确定

分别计算各排水分区的海绵设施所需调蓄容积，本区域年径流总量控制率计算结果为 73.88%。具体结果如下。

（1）区域年径流总量控制率：经计算，紫运西里西区 22 个子排水分区内总调蓄量达到 546.3 m³，本区域年径流总量控制率计算结果为 73.88%，对应年降雨量为 22 mm。

（2）区域年污染负荷去除率：项目共建设雨水花园 795 m²，透水铺装 9220 m²，调蓄车位 738 m²，下沉广场 431.6 m²，由此对年 SS 总量控制率进行模拟计算，可实现年 SS 总量控制率 47.8%。

（3）排水标准校核：排水管网评估采用推理公式法校核是否满足设计标准要求，参见《城镇雨水系统规划设计暴雨径流计算标准》（DB11/T 969—2016）及《室外排水设计规范》[GB 50014—2006（2016 年版）]。

雨水管网排放能力复核：

本小区排水设计重现期为 3 年，对应的设计暴雨强度公式：

$$q = \frac{1602 \times (1 + 1.037 \lg P)}{(t + 11.593)^{0.681}} \qquad （3-1）$$

适用范围为：5min < t ≤ 1440min，2 年 ≤ P ≤ 100 年。

式中：q——设计暴雨强度 [L/（s·hm²）]；

P——设计重现期，取 3 年；

t——汇流时间（min）；取 10 min。

计算可得，本小区设计暴雨强度为 296 L/（s·hm²），小区排水分区主管道有 DN400、DN300、DN600 三种规格的排放口。DN400、DN300 的外排管道，不满足 3 年一遇的排水要求。当排水管道增大到 DN500、DN600 时，才满足排放要求。

5. 景观设计亮点

小区景观设计在植入海绵元素的同时（图 3-43），重新梳理了小区交通、停车和活动空间规划，解决小区积水内涝的问题，让海绵建设切实造福小区居民生活（图 3-44）。

（1）重新设计规划小区入口，增加路面标识，实现人车分流。小区西侧新增 4 m 宽步道，形成小区环形消防交通。

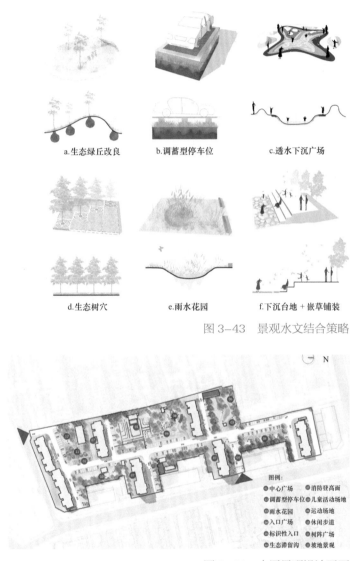

a.生态绿丘改良　　　　b.调蓄型停车位　　　　c.透水下沉广场

d.生态树穴　　　　　　e.雨水花园　　　　f.下沉台地＋嵌草铺装

图 3-43　景观水文结合策略

图例：
- 中心广场
- 消防登高面
- 调蓄型停车位
- 儿童活动场地
- 雨水花园
- 运动场地
- 入口广场
- 休闲步道
- 标识性入口
- 树阵广场
- 生态滞留沟
- 坡地景观

图 3-44　小区景观设计平面

（2）小区入口对景观绿地进行生态改良、增加雨水花园同时塑造小区入口新形象。

（3）入口区北侧小广场，通过将面层改良、抬高，形成下沉台地，有效疏水。广场沿东侧布置休闲坐凳、收水绿化带和高大乔木，满足居民休息、交流和活动需求。

（4）中央水广场：沿小区南北轴线往南，对现状的中央广场进行总体化生态提升（图3-45）。多功能水广场将雨水调蓄和社区运动休闲空间结合起来，周边场地雨水通过竖向调整最先进入边缘预处理沟，小雨的时候，雨水通过预处理沟渗透进盲管外排，大雨情况下，超量雨水溢流进入下凹空间。广场采用粗粒渗透性强的透水型混凝土材料铺装，最低点处留有放空阀，便于应急和清理维护使用。中心广场最大程度保留了活动的空间，优化升级了儿童活动场地并增加羽毛球场地和乒乓球场地。小区各年龄段居民相聚于此，了解海绵，享受海绵福利。

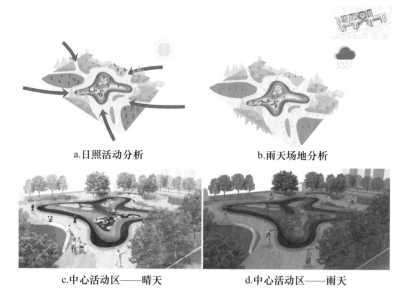

a.日照活动分析　　　　　　　　b.雨天场地分析

c.中心活动区——晴天　　　　　d.中心活动区——雨天

图3-45　多功能水广场设计

6. 建成效果

　　紫云西里西区海绵建设工程通过海绵与景观相融合的手法，不仅保证海绵建设收、蓄、净、渗的基本功能，更让海绵理念回归本源，充分考虑居住需求，打造海绵邻里、宜居花园小区，使小区成为城市副中心生态化花园小区的"靓丽名片"（图3-46～图3-48）。

图 3-46 小区透水广场

图 3-47 小区多功能水广场

图 3-48 小区入口雨水花园

三、BOBO 自由城海绵小区建设工程

BOBO 自由城小区建成于 2004 年，位于试点区 S4 排水分区。小区占地总面积 151 288 m²，小区为雨污分流排水体制，建筑密度较低，容积率 2.0。小区共有 27 栋楼，无地下车库。2016 年被列为副中心海绵城市试点区首批建设项目。

小区综合运用渗、滞、蓄、净、用、排等技术措施，减少雨水径流量，降低面源污染，提高雨水资源化利用效率。该项目改造内容主要包括：小区庭院、广场道路、停车位破损铺装改造（图 3-49）；雨水管道的疏通与改造；绿地生态化改造；现有景观水系雨水收集利用改造等（图 3-50）。共建设雨水花园 3660 m²，生物滞留池 4406 m²，生态花池及树池 720 m²，植草沟 1501 m²，绿化种植改造 22 000 m²，透水停车场生态化改造 20 705 m²，缝隙式排水沟 1200 m，环保型雨水口 80 座，透水铺装改造 20 195 m²，水景提升改造 1925 m² 等。

图 3-49　小区海绵庭院改造

图 3-50　小区景观水系雨水收集利用改造

　　该项目作为民心工程的老旧小区海绵城市改造，以解决老旧小区积水内涝问题为出发点，同时综合考虑小区基础设施提升和居民生活环境的改善。通过上述各种 LID 设施解决小区积水、倒灌等问题，同时使小区绿化率有所提升、停车更加有序、出行条件和居住环境得到改善，增强居民的幸福感和获得感。

第三节
工业厂区海绵建设工程

一、延时调蓄理念的通州自来水公司海绵改造工程

作为一种新兴的建设理念，海绵城市的主要设计思路是通过原位控制，使场地雨水外排量开发后不大于开发前，以达到生态建设的目标。经过国内两批试点城市的验证，以"渗、滞、蓄、净、用、排"为手段，从"水生态、水环境、水资源、水安全"现存问题出发，围绕大、中、小海绵系统的多目标构建思路，已逐渐成为海绵体系的主要建设思路。然而，传统的海绵城市改造主要针对中、小降雨而设计，即小海绵系统，通过生物滞留池、透水铺装等手段增强场地渗透性，以达到场地恢复自然条件下雨水排放效果的目标。而从年径流总量控制率对应的设计降雨量来看，各个城市的控制降雨量一般在 20~30mm，显然对于高重现期降雨的控制是远远不够的。这导致了当高重现期降雨发生时，即便经过了海绵措施的控制，仍难以达到雨水排放在开发后不大于开发前的目标。在高重现期条件下，海绵城市建设后雨水排放量仍大幅增加，

给下游城市及末端河道的排洪造成了极大的压力。因此，如何解决重现期降雨事件的雨水外排与海绵措施控制范围不匹配成了完善海绵系统构建的重要难题。对于这一问题，延时调蓄作为一种解决思路，在近些年受到了广泛关注。以北京市通州自来水公司海绵改造工程为例，探讨如何结合传统海绵措施与延时调节池，来实现同时应对大、小降雨的多目标海绵城市建设。

1. 项目基本情况

1）项目概况

通州自来水公司位于通州区芙蓉东路东侧，占地约 35 572 m^2，建成于 1986 年，是试点区内典型的老旧厂区。通州自来水公司主要供给北京城市副中心部分区域的自来水，因此提升厂区排涝标准，保障厂区生产安全具有重要的意义。

2）现状下垫面分析

厂区内场地整体地势较高且平整，厂区下垫面主要有建筑硬屋顶、清水池绿屋顶、沥青道路、水泥道路、绿地（图 3-51），由于年久失修，路面、道牙均破损严重，存在局部积水问题。厂区内不透水区域面积比例较低，现状综合雨量径流系数为 0.46（表 3-4），具有良好的区域雨水渗透效果。其中，绿地占全部用地比例的 45.60%，针对中、小降雨，对绿地进行改造，能够有效提供雨水调蓄空间。为保障厂区极端降雨天气正常生产安全，主要考虑以场地绿地改造结合延时调蓄池为主要技术手段提升排涝标准。

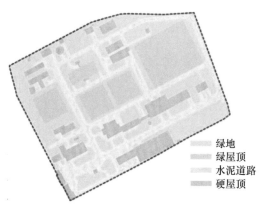

绿地
绿屋顶
水泥道路
硬屋顶

图 3-51　下垫面分布情况

表 3-4　下垫面面积和径流系数

下垫面类型	建筑硬屋顶	清水池绿屋顶	道路铺装	绿地
面积（m²）	4859	6947	7620	16 286
所占比例	13.61%	19.45%	21.34%	45.60%
总面积（m²）	35712			
雨量径流系数	0.9	0.4	0.9	0.15
综合雨量径流系数	0.46			

3）现状竖向及管网分析

现状屋面雨水通过雨落管散排至建筑周边的绿地中。现状绿地高于路面，大雨时绿地径流雨水携带落叶、泥沙等杂物冲入路面，堵塞雨水口。沥青道路和水泥道路雨水通过路面散布雨水口排入地下管道（图 3-52）。厂区内为雨污合流排水体制，雨水管网接入污水管网后最终排向北侧市政管网（图 3-53）。

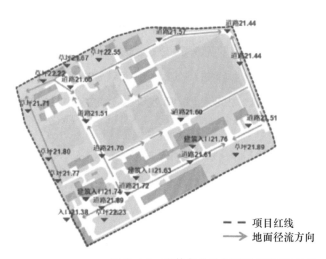

　　— — 　项目红线
　　→　　地面径流方向

图 3-52　现状竖向分析和地表径流方向

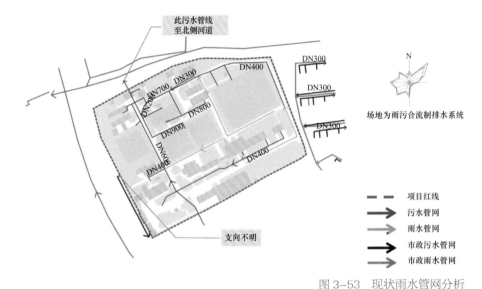

图 3-53　现状雨水管网分析

2. 问题与需求

1）水资源

北京市水资源较为紧缺，厂区无雨水回用设施，无再生水资源利用设施。

2）水环境

雨污混流，雨水篦子与污水管网混接，雨水管网末端排至污水管网。

3）水安全

自来水厂区属于安全级别较高的场地，需消除场地积水或内涝风险，保障厂区生产安全。

3. 设计目标与设计理念

1）设计目标

设计目标：在海绵城市理念下打造新一代绿色水厂（图 3-54）。

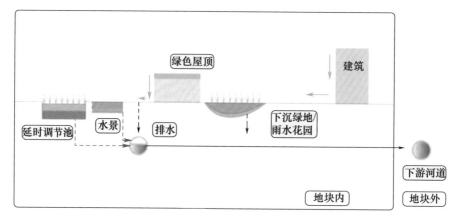

图 3-54　设计目标解析

以因地制宜、安全、经济实用为原则，通过传统海绵设施配合延时调蓄池，在场地开发后雨水外排量不大于开发前的前提下，力求景观效果的进一步提升，打造新一代绿色厂区。

（1）实现年径流控制率不低于 80%，中、小降雨以场地原位控制为主，高重现期降雨以延时调蓄为主。

（2）年径流污染物（以 SS 计）去除率大于 40%。

（3）消除积水点，增强排水能力和防涝能力，缓解下游管道压力，开发后高重现期降雨条件下管道峰值流量不大于场地开发前。

（4）成为展示首都水环境、水资源综合利用的窗口。

（5）实施创新和可持续技术亮点。

2）设计理念

（1）工业与艺术：本工程设计根源于通州水文化，着眼于自来水厂区现代工业历史文明与工业艺术理念相结合，LID 工程设施与景观设计相结合。通过重新塑造自来水公司路面层，线条化的绿化肌理，清水池屋顶层，流线型的屋顶绿化，形成高低错落，整体上清新、生态、艺术的新形象，打造花园式厂区（图 3-55）。

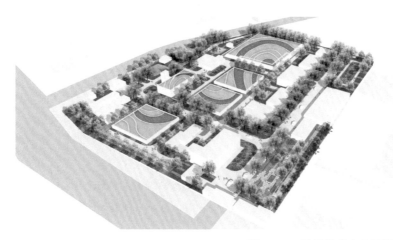

图 3–55　通州自来水公司海绵改造效果

（2）低影响开发理念：贯彻海绵城市渗、滞、蓄、净、用、排的理念，紧密结合地形，通过尽可能小的破坏，最大限度地实现雨水自然积存、自然渗透、自然净化的可持续水循环过程。开发流程科学合理并力求细节上的突破和创新，设置对外展示的平台和一条水资源游线。

4.总体技术方案

1）技术路线

通州自来水厂海绵城市改造整体技术路线如图 3-56 所示。首先，通过场地竖向高程调整，将降落至地块内的雨水优先排放至下凹式绿地、雨水花园、湿地、延时调节池等 LID 设施，进行收纳、滞蓄及净化，达到中、小降雨原位控制的目的。其次，通过雨水管网系统局部改造及初期雨水弃流，在场地局部形成雨水净化回用的创新系统。最后，针对高重现期降雨的控制，通过将溢流雨水统一排放至地下雨水管网，结合延时调蓄池的设计，使高重现期降雨延时缓排，达到场地雨水排放不大于开发前的目的，有效缓解下游管道压力。

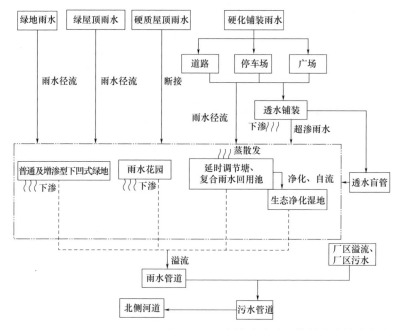

图 3-56 通州自来水公司海绵改造技术路线

2）中、小降雨 LID 技术方案

本项目按照改造后实际汇水情况划定为 19 个排水分区，排水分区情况如图 3-57 所示。分别计算各排水分区的海绵设施所需调蓄容积，并因地制宜布置适宜的 LID 设施（图 3-58），本次建设 LID 设施总面积共 18 726 m²，其中生物滞留设施（含雨水花园、倒置生物滞留设施、净水高位花坛）1302 m²、下凹式绿地 9238 m²、透水铺装 7971 m²、延时调节池 215 m²，年径流总量控制率达到 80.8%。海绵系统总平面布置如图 3-59 所示。LID 设施建成效果见图 3-60~ 图 3-63。

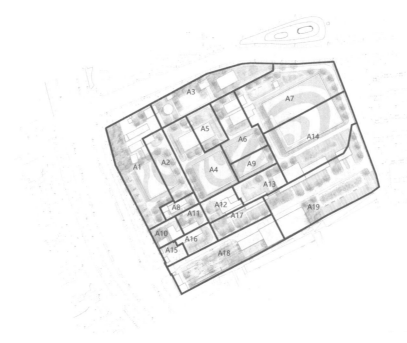

图 3-57　排水分区

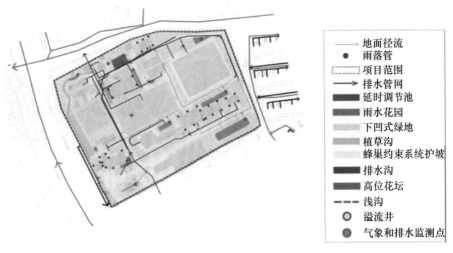

——	地面径流
●	雨落管
▭	项目范围
→	排水管网
▬	延时调节池
▬	雨水花园
▬	下凹式绿地
▬	植草沟
▬	蜂巢约束系统护坡
▬	排水沟
▬	高位花坛
---	浅沟
◎	溢流井
●	气象和排水监测点

图 3-58　LID 设施布局

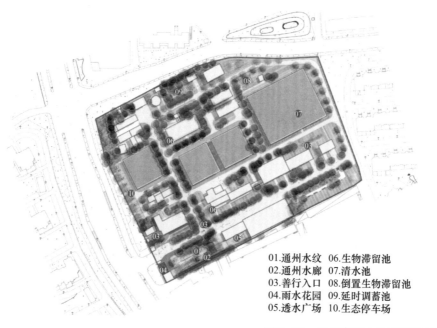

01.通州水纹　06.生物滞留池
02.通州水廊　07.清水池
03.善行入口　08.倒置生物滞留池
04.雨水花园　09.延时调蓄池
05.透水广场　10.生态停车场

图 3-59　通州自来水公司平面布局

图 3-60 雨水花园

图 3-61　下凹式绿地

图 3-62　高位花坛

图 3-63　倒置生物滞留设施

3）高重现期降雨 LID 技术方案

（1）防涝设计：本场地地势较高，无客水汇入。采用延时调节塘可使场地防涝能力提升至 50 年一遇。本次设计调节塘占地 215 m²，容积 334 m³。

在 A3 分区绿地内设置延时调节池，结合场地竖向调整，使 A1~A7、A9 排水分区雨水径流可通过地表流动汇入该设施内，A14 排水分区经由 LID 设施溢流流入现状雨水管网后由雨水管网接入该设施内，接入面积共 22 313 m²。汇流区域如图 3-64 所示。

地面径流
地面新径流方向
地面旧高程
21.60 地面新高程
调节塘收集管网
道路导流沟

图 3-64　地表竖向调整和延时调节池汇水区域

（2）延时调节池设计：延时调节是通过削减径流峰值和延缓峰现时间，来延长雨水在调节设施内的排空时间（一般是 24 ～ 72 h)，以实现水质控制和下游河道保护的目的。研究表明雨水中总悬浮固体（TSS）的去除率与其在延时调节设施内的停留时间呈正相关。

延时调节池的容积包括调节容积 (D_V) 和延时调节容积 (ED_V) 两部分，其中调节容积包括漫滩洪水控制容积 (Q_{pa}) 和极端暴雨控制容积 (Q_{Fv})，延时调节容积包括水质控制容积 (WQ_V) 和河道保护容积 (CP_V)。

$$V=D_V+ED_V=Q_{pa}+Q_{Fv}+WQ_V+CP_V \qquad (3-2)$$

延时调节的原理不同于传统调节，是在保证调节池原有的调节能力下，增加延时调节容积 V_2，通过多级溢流方式严格控制较低出水口的大小，确保出流流量足够小，使进入的大量中、小降雨及初期雨水 (ED_V) 能够暂时存储于延时调节容积 V_2 中，最后再由较低出水口缓慢排出，保证这部分雨水 (ED_V) 在池内有足够的停留时间，实现水质控制与河道保护的目标。

设计雨型采用 KC 雨型分配方法计算。各重现期设计降雨过程线如图 3-65 所示，其中，年径流总量控制率按 33.6 mm（北京市年径流总量控制率 85% 对应的设计降雨量）分配至 2 小时降雨历时内，5 年、50 年、100 年一遇设计降雨量分别为 72 mm、123 mm、137 mm。

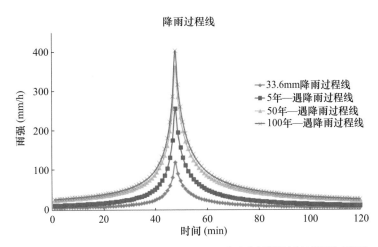

图 3-65　不同重现期的设计降雨过程线

径流系数计算按丹佛径流系数计算方法。

$$C_{C/D} = A \times i^B + D \qquad （3-3）$$

式中：i 为不透水面积占比（小数）。本文按 C 及 D 类土壤计算不同设计重现期下，该汇水区不透水面积占比（本计算不透水面积占比等价于 24.3%）时的径流系数，式中各常数取值见表 3-5，计算结果见表 3-6。

表 3-5　不同土壤类型、不同设计重现期下的径流系数计算公式取值

C 类及 D 类土壤	重现期			
	2 年	5 年	50 年	100 年
A	0.83	0.82	0.49	0.41
B	1.122	1	1	1
D	0	0.035	0.393	0.484

表 3-6　径流系数计算结果

重现期	开发后（建设后）不透水面积占比	径流系数	开发前（自然状态下）不透水面积占比	径流系数
2 年	0.243	0.170	—	—
5 年	0.243	0.234	0	0.035
50 年	0.243	0.512	0	0.393
100 年	0.243	0.584	0	0.484

在调节池设计过程中，WQCV 对应的设计标准是排空时间为 40 h，其他重现期

下的设计标准为开发后调节池的出流流量峰值等于或略小于开发前汇水区对应设计重现期下的出流流量峰值。

该调节池最终设计规模及多级出水口位置和尺寸如图 3-66、图 3-67 所示，并通过将延时调节池多级溢流井的出水口下游连接至辐射井，实现雨水排放。

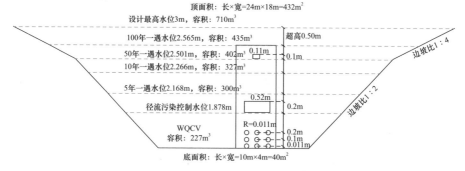

图 3-66　调节池规模及出口位置和尺寸

图 3-67 延时调节池

5. 实施效果复核

1）年径流总量控制率计算

LID 设施具体布置后，采用容积法校核年径流总量控制率，计算复核本区域年径流总量控制率为 80.8%，结果见表 3-7。

表 3-7　各排水分区中海绵化改造调蓄量及总调蓄量

分区	汇水面积（m²）	径流系数	设计调蓄容积（m³）	LID 设施面积及调蓄容积												总调蓄量（m³）	分区径流控制率
				透水铺装			下凹式绿地			雨水花园			延时调节池				
				设施面积（m²）	调蓄深度（m）	调蓄量（m³）	设施面积（m²）	调蓄深度（m）	调蓄量（m³）	设施面积（m²）	调蓄深度（m）	调蓄量（m³）	设施面积（m²）	调蓄深度（m）	调蓄量（m³）		
A1	3710	0.32	33.1	575	0	0	66	0	0	42	0.25	10.7	0	0.30	0	10.7	44.17%
A2	1395	0.32	12.3	364	0	0	66	0.10	6.6	0	0	0	0	0	0	6.6	60.28%
A3	2639	0.31	22.6	413	0	0	425	0	0	0	0	0	215	0.20	43.0	43.0	92.98%
A4	2697	0.31	23.3	465	0	0	985	0.02	14.8	6	0.10	0.6	0	0	0	15.4	66.41%
A5	984	0.27	7.3	149	0	0	405	0	0	51	0.20	10.2	0	0	0	10.2	88.12%
A6	1827	0.38	19.6	406	0	0	347	0.10	34.7	26	0.20	5.2	0	0	0	39.9	93.78%
A7	4182	0.33	38.2	662	0	0	510	0.10	51.0	233	0.20	46.7	0	0	0	97.6	95.96%
A8	442	0.55	6.7	100	0	0	0	0	0	0	0	0	0	0	0	0	45.21%
A9	758	0.33	6.9	89	0	0	257	0	0	0	0	0	0	0	0	0	67.50%
A10	558	0.47	7.4	103	0	0	196	0.10	19.6	0	0	0	0	0	0	19.6	96.31%
A11	518	0.43	6.2	189	0	0	200	0.10	20	0	0	0	0	0	0	20.0	97.18%
A12	755	0.53	11.1	330	0	0	159	0.10	15.9	0	0	0	0	0	0	15.9	88.60%
A13	1024	0.40	11.3	299	0	0	480	0.03	14.0	0	0	0	0	0	0	14.0	85.15%
A14	4121	0.38	43.2	595	0	0	620	0	0	281	0.20	56.2	0	0	0	56.2	86.46%
A15	396	0.42	4.7	242	0	0	0	0.10	0	0	0	0	0	0	0	0	57.70%
A16	642	0.41	7.3	188	0	0	270	0.05	13.5	0	0	0	0	0	0	13.5	92.50%
A17	1031	0.34	9.7	398	0	0	374	0.03	10.7	0	0	0	0	0	0	10.7	82.87%
A18	3083	0.44	37.6	1332	0	0	0	0	0	163	0.20	32.5	0	0	0	32.5	75.71%
A19	4950	0.34	46.3	1072	0	0	1769	0	0	500	0.20	99.9	0	0	0	99.9	94.31%
合计	35712	0.36	354.8	7971	—	0	7129	—	200.8	1302	—	262	215	—	43.0	505.7	80.80%

2）年污染负荷去除率计算

根据《海绵城市建设技术指南——低影响开发雨水系统构建（试行）》对年 SS 总量控制率进行模拟计算，可实现年 SS 总量控制率为 43.8%，见表 3-8。

表 3-8　年 SS 总量控制率计算

设施	年 SS 总量去除率	径流控制量（m³）	处理雨水量百分比	低影响开发设施年 SS 总量去除率	年 SS 总量控制率
生物滞留设施（雨水花园、倒置生物滞留池、净水高位花坛）	75%	262.0	36.5%	54.26%	43.8%
下凹式绿地	60%	253.7	35.3%		
透水铺装	80%	29.7	4.1%		
半透水沥青道路	40%	129.7	18.1%		
延时调节池	40%	43.2	6.0%		

3）排水管线校核

厂区现状排水体制为雨污合流制，其上游某厂污水管（DN400）接入，现状厂内雨污排水系统于厂区北部污水管（DN1000）接出，内部雨水管线（DN400）以坡度0.002~0.009接入污水主管。现状雨水管（DN400）满管过流能力86~205 L/s，现状合流管主排水管道（DN900、DN1000）坡度0.004时满流过流能力1210 L/s，均满足3年一遇排水标准的要求。

北京市本区域暴雨强度公式见第66页公式3-1。

经计算，本项目设计暴雨强度为296 L/（s·hm²），改造后径流总出流量峰值为408 L/（s·hm²）。其上游某厂区海绵改造后污水流量汇入约为169 L/s，考虑上下游雨污水叠加流量，当雨污合流管排水管径为DN1000时，满足3年一遇排水标准的要求。

利用有限差分法，计算不同设计重现期下延时调节池的水位变化过程线及出流流量过程线，如图3-68所示。其中，在排空过程中，当水位小于0.05 m时即视为排空。

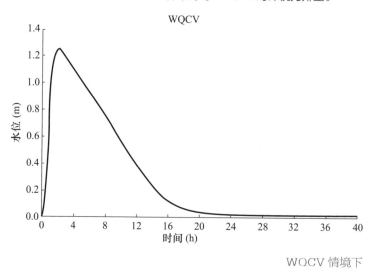

WQCV 情境下

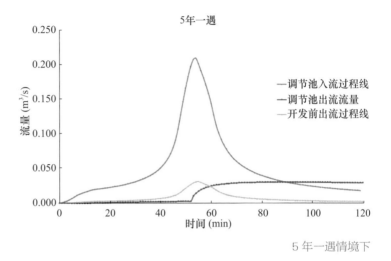

5 年一遇情境下

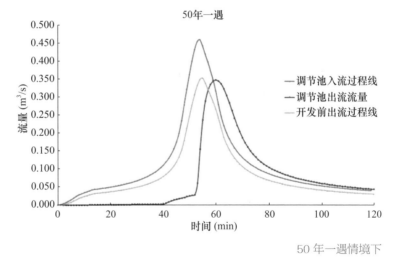

50 年一遇情境下

图 3-68　不同设计标准下的水位过程线和调节池入、出流量过程线

通过延时调节池的设计，在 50 年一遇降雨条件下场地雨水排放不大于开发前，有效提升了本工程高重现期降雨的应对能力，同时缓解了场地开发给下游管道增加的雨水排放压力。

6. 建成效果

在项目实施过程中，由于老旧厂区项目的特殊性，必须考虑到饮用水水源的安全性和重要性，应确保在摸清现状清水池顶板及墙壁结构、载荷、防水性能的基础上，开展柔性护坡和周围海绵改造的施工。对工业厂区施工前务必加强对树木点位、地下管线位置的摸排查清，确保可实施性和合理性，力求达到海绵改造应有的效果。

本项目通过将延时调蓄池与传统海绵设施的设计相融合，实现了兼顾中、小降雨原位控制及高重现期降雨延时排放的多目标海绵化改造，有效弥补了传统海绵改造对高重现期降雨应对能力不足的问题。在设计过程中，通过工业和艺术相交叉的手法，打造海绵式花园厂区，实施科普教育，成为生态化绿色公建的示范项目。

二、大顺斋食品厂海绵改造工程

大顺斋食品厂坐落于通州区芙蓉东路，紧邻通州自来水公司，占地面积 11 860 m²，其中建筑屋面占地 8796.78 m²。

厂区建成于 20 世纪 80 年代，建筑及设施整体相对陈旧。据现场调研，项目主要存在以下几个方面的问题：场地整体地势平整，厂区管线为雨污合流制；场地相对周边地块地势低洼，高差在 0.88~1.32 m 之间，大雨的情况下，有雨水倒灌的情况；现状路面年久失修，铺装破损严重，综合径流系数 0.914；厂中乔木保护较好，胸径大于 50 cm 的乔木种类丰富，树木高大，树形美观。

项目根源于海绵设计理念，计划打造一个集"海绵生态，企业文化，绿色厂区"为一体的精品厂区、海绵花园（图 3-69）。具体做法是在散排屋檐排水处增加地面排水沟系统，优先将屋顶雨水导入雨水花园。重新组织厂区绿地和交通布局，将车行道路改造成混凝土路面，满足货车通行条件，具备条件的地方改建透水铺装。对厂区管线进行雨污分流改造，原有的合流管保留成污水管，在入口大门（客水主要来源）处增加截水沟，将厂区雨水接入市政雨水管线。项目共建成混凝土路面 1522.8 m²，透水砖路面 282.62 m²，透水木地板 43.32 m²，透水碎石路面 50.3 m²，雨水花园 104.2 m²，排水沟 301 m，DN400 雨水管网 157 m 等。

通过海绵城市改造，老旧厂区旧貌换新颜，不仅保证了海绵城市建设收、蓄、净、渗的基本功能，更让海绵理念回归本源。充分考虑了厂区工作需求，引入休息花园空间，设置木平台、木座凳，透水铺装。通过海绵与景观相融合的手法，打造海绵厂区、科普厂区，实施科普教育，成为通州生态化花园厂区。

图 3-69　大顺斋食品厂区改造实景

第四节
校园海绵建设工程

一、"海绵＋"复合模式下芙蓉小学海绵建设工程

北京城市副中心海绵城市试点区的建成区内学校面积占公共建筑总面积的 72%。因此，在校园内建立科学的雨洪管理系统可以有效缓解积水内涝、减轻雨水外排的压力等问题。"海绵校园"指整个校园像海绵一样，具有一定的弹性和适应环境变化的能力。近几年国内出现一批校园海绵改造优秀案例，如清华大学胜因院景观环境改造项目跨学科提出了景观水文综合性设计理念，强调雨洪管理措施与历史景观环境融为一体；苏州昆山杜克大学校区低影响开发建设，以水环境保护为核心目标，通过绿色基础设施实现雨水径流在源头、过程和末端的全过程治理，将景观功能与水系统相结合，使校园成为如"海绵"般能够调节水资源、调节空间、调节景观的大系统；北京交通大学电气工程学院庭院生态节能改造，将光、电新能源与雨水花园相结合，体现科技与自然的结合，成为节约型校园的示范。

由此可见，如何基于校园场地功能和环境需求，打造一个生态和谐、景观优美、文化氛围突出、师生参与感和认同感强的校园空间成为海绵校园建设的难点与重点。本工程基于跨学科方法和技术，创新地提出了"海绵+"复合模式下校园海绵改造程序及途径，并以芙蓉小学"海绵+"的创新实践为例，为城市建成区校园海绵改造提供相关实践参考。

1. "海绵+"复合模式校园海绵改造程序与实施路径

"海绵+"复合模式校园海绵改造是指在解决校园雨洪问题的基础上，以"海绵+景观"为途径重构校园空间形象，以"海绵+文化"为手段塑造校园文化特色，最终形成一个功能融合、系统完整的海绵校园环境。

1）"海绵+"复合模式校园海绵改造程序

首先应用低影响开发技术对场地雨水进行控制和管理；其次基于师生的行为模式及对于校园活动空间多样化的需求构建"海绵+景观"模式，一方面要给师生提供多样化的户外活动空间，另一方面提升校园景观形象，使其具有鲜明的、独特的审美特征和意义。同时挖掘校园文化内涵，构建"海绵+文化"模式，延续校园文脉、塑造良好的校园文化价值氛围，使其对学生产生潜移默化的教育影响。最后"海绵建设生态基础""景观重构空间环境""文化塑造核心价值"三者层层叠加，有机融合，共同构成"海绵+"复合模式校园海绵改造系统。

2）"海绵+"复合模式校园海绵改造实施路径

（1）以问题为导向：搜集场地资料，对校园空间、构成要素、校园文化特色、教学理念等进行详细踏勘、调研，进行问题识别与梳理。

（2）以需求为依据：综合考虑师生行为、心理模式及对于多样化校园空间使用功能的需求。

（3）以目标为指引：定量指标根据《海绵城市绩效评价与考核办法》中对年径流总量控制率、面源污染削减率、雨水资源利用率等的要求确定。同时定性指标方面，结合空间功能需求、景观审美需求、文化表现需求，协同各专业共同确定。

通过大量实践与探索，提出的"海绵+"复合模式下校园海绵改造程序如图3-70所示。

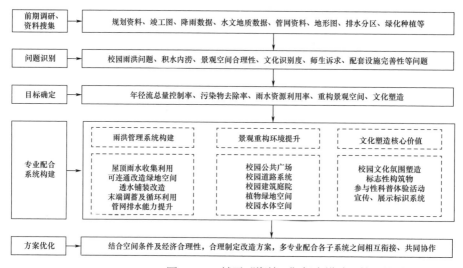

图 3-70　基于"海绵 +"复合模式下校园海绵改造程序

综上所述，校园"海绵 +"复合模式改造实施途径，在雨洪管理层面，按照源头减排、过程控制、系统治理的指导思想，坚持统筹协调、问题导向、因地制宜、灰绿结合的原则，以绿色 LID 源头减排设施的建设为主，综合采用渗、滞、蓄、净、用、排等措施构建场地雨洪管理系统。景观层面，通过空间序列、形象、比例、尺度、肌理、色彩、图案、文化符号等手法对环境与文化进行重构与提升。即通过确定改造的目标和功能定位，在科学的雨洪管理系统基础上突出校园各功能区域景观环境及文化特色，各系统之间统筹考虑，共同发挥综合性作用。

2. 芙蓉小学现状评价及问题识别

芙蓉小学建成于 2012 年 9 月，是城市副中心倾心打造的一所区域名校。学校的办学理念是"清新融通"，学校构建了"荷和清新"的校园环境文化，为师生营造了清新、和谐、大气、包容的文化氛围。根据北京城市副中心海绵城市试点要求，在解决校园雨洪问题的同时，通过场地更新提升校园景观环境品质，使旧的校园重新焕发新的活力。

1）自然条件分析

通州区属大陆性季风气候区，多年平均降水量 535.9 mm，受冬、夏季风影响，降水时空分布不均，其中 80% 以上的降水集中在 6—8 月份，经常发生春旱、夏涝。经勘测校园稳定地下水位埋深为 9.30~13.50 m，土壤渗透系数满足海绵设施蓄水排空时间要求。

2）现状评价及问题识别

芙蓉小学占地面积 22 959 m²，屋顶面积 7388 m²，硬化铺装面积 12 155 m²，绿地面积 3095 m²（图 3-71），综合径流系数 0.8。根据现场调研及资料收集，总结归纳校园空间构成要素和现状问题见表 3-9。

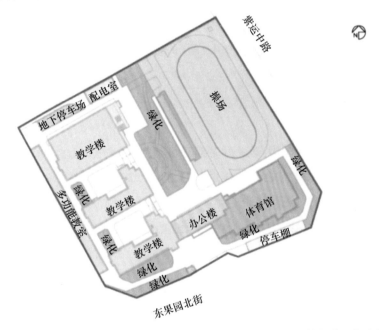

图 3-71　芙蓉小学现状分析

表 3-9　芙蓉小学现状要素分析评估及问题识别

要素	现状要素评估及问题识别
建筑物	屋顶荷载不满足屋顶绿化改造要求；建筑雨落管散排地面，降雨时造成地面湿滑，长时间冲刷浸泡，造成散水严重破坏
硬化铺装	校园地势北高南低，高差 0.4 m；现状为不透水砖和塑胶铺装，面层破损塌陷较多，地表排水不畅，积水点较多
景观绿化	绿地土壤裸露严重，绿地普遍高于道路，不利于雨水的收集和消纳；植物配置简单、层次单一，主要植物种类有麦冬、黄杨、小檗、白蜡、雪松、山桃、海棠、银杏、紫叶李等

续表 3-9

要素	现状要素评估及问题识别
排水体制	校园为雨污分流制排水系统，管线局部存在逆坡。局部区域雨水口数量较少且无截污设施
空间使用及文化特色	校园空间过于简单、开敞，无标志性设施及活动设施，难以满足师生对多功能空间用途的需要；学校特色文化及标识系统缺失，空间识别性不强
师生诉求	对校园破损、塌陷的铺装改造，避免对学生活动造成安全隐患，缓解学校目前户外活动空间不足的压力；中心绿地区增加休息连廊，满足师生休息、娱乐的需求

3. 基于"海绵+"复合模式构建下芙蓉小学海绵改造

1）功能定位

综合考虑北京城市副中心海绵城市试点区建设要求，在绿色雨洪管理系统构建的基础上，努力做到通过对场地和基础设施的更新，给老师、学生、家长提供理想的成长环境，使校园环境变为小学生成长中的重要一环。因此，项目在海绵改造的同时力图融入体验、启发和教育三大功能，为学生建设一座参与和体验式的"海绵校园"和自然课堂。

（1）体验功能：看得见、闻得到、摸得着的水、空气、土壤、花草。

（2）启发功能：充分发展学生的感知能力、欣赏能力、独立思考能力、审美能力，积极参与实践的技能。

（3）教育功能：激发学生保护环境的责任感，帮助学生初步形成良好的环境价值观和行为方式，并以自己的情感和行为去关心他人、关心生命、关心自然。

2）芙蓉小学"海绵+"复合模式构建

将海绵改造与创新性设计结合，综合多专业知识，创新构建"海绵+"复合模式系统，见表 3-10，使学生充分体验海绵科技和文化，与水进行互动，寓教于乐，打造北京城市副中心第一个"海绵+"校园。

表 3-10　芙蓉小学"海绵+"复合模式系统的构建

"海绵+"复合模式	"海绵+"复合模式构建策略
海绵改造	通过因地制宜改造现状硬质铺装、绿地、雨水落管等，建设下凹式绿地、雨水花园、排水沟、地下蓄水池等 LID 设施，利用湿地水处理系统净化雨水并回用，强调校园内雨水的滞、蓄、渗、净、用、排等过程
"海绵+文化"	打造北京城市副中心生态海绵校园示范样板，深入结合校园自身文化和教育理念
"海绵+教育"	创新性地设计一套有趣和实用的教育展示系统，结合改造，进行互动，增强学生对 LID 技术的认识，如"海绵大使"评选、湿地水处理系统、雨水收集及回用等的体验

续表 3-10

"海绵 +"复合模式	"海绵 +"复合模式构建策略
"海绵 + 智慧"	将海绵监测、小气象站、海绵展示牌、小学课外创新活动结合起来，打造"智慧、智能校园"
"海绵 + 景观"	对校园空间重构、提升学校形象，在布置上实现空间分区特色和技术多样，满足师生多用途空间使用的需求，突出校园海绵生态特色之美

4. 芙蓉小学"海绵 +"复合模式下校园空间改造策略

雨洪管理层面，依据校园空间布局，结合场地竖向及周围区域雨水设施的衔接需求，本着雨水径流"源头—过程—末端"全过程控制原则，系统制定"海绵 +"校园海绵改造技术路线（图 3-72），因地制宜改造现状绿地、不透水铺装、雨水落管等，建设下凹式绿地、雨水花园、排水沟、地下蓄水池等 LID 设施调蓄雨水，运用多类型透水铺装渗透雨水，利用自然净化湿地净化雨水并回用，强调校园内雨水的滞、蓄、渗、净、用、排等过程，并将海绵过程和空间改造结合起来，明确低影响开发设施布局（图 3-73）。

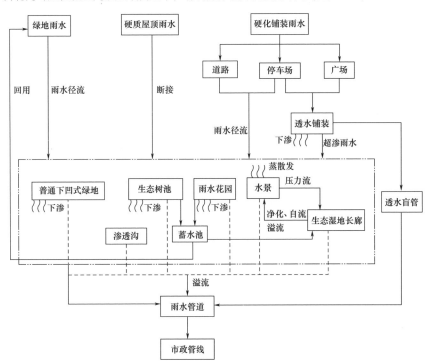

图 3-72 芙蓉小学海绵改造技术路线

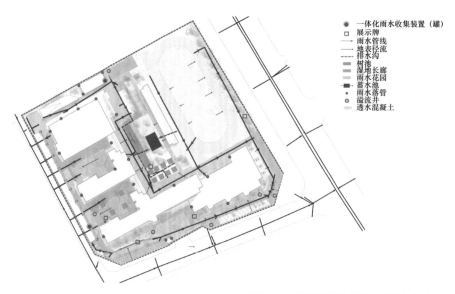

图 3-73 芙蓉小学低影响开发设施布置

景观层面，以中心入口为主要景观轴线，将校园划分为四片景观空间格局，分别为"缤纷校园入口区""活力校园核心区""主题科教内庭院""动静皆宜体育场"（图 3-74）。芙蓉小学海绵改造景观平面布局如图 3-75 所示。

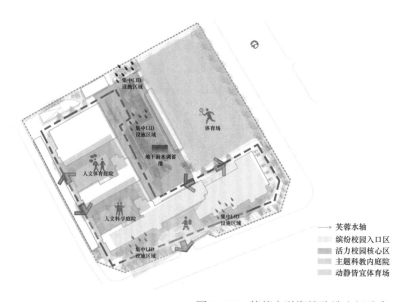

图 3-74　芙蓉小学海绵改造空间分布

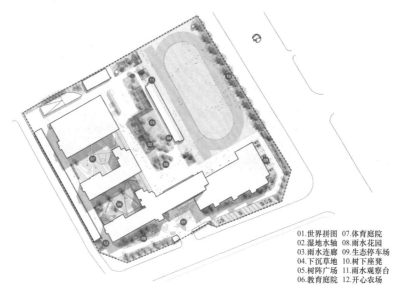

01.世界拼图	07.体育庭院
02.湿地水轴	08.雨水花园
03.雨水连廊	09.生态停车场
04.下沉草地	10.树下座凳
05.树阵广场	11.雨水观察台
06.教育庭院	12.开心农场

图 3-75　芙蓉小学海绵改造景观平面

（1）校园主入口是展示学校特色与形象的区域。校园入口大面积不透水硬化铺装因破损严重，改造为彩色透水混凝土，并通过道路竖向调整及路牙石开孔，将雨水导入周边绿地中进行消纳，超标雨水溢流排放至雨水管网。对硬化铺装周边绿地地形重新梳理，在保护长势较好乔木的前提下，因地制宜布置植草沟、下凹式绿地（图 3-76）和雨水花园等设施。选择耐水湿、易维护植物，如萱草、鸢尾、马蔺、狼尾草、黑心菊、松果菊、血草、拂子茅、粉黛乱子草、细叶芒等，丰富植物配置组合。建筑外立面通过色彩搭配绘制"荷花"主题图案，并增加文化宣传和导视系统。校园入口区通过改造，实现构图协调，色彩搭配统一，展示性强的效果，突出清新、和谐、大气、包容的校园文化氛围（图 3-77）。

图 3-76　道路下凹式绿地改造

图 3-77　芙蓉小学入口改造实景

（2）活力校园的核心区是校园中心活动区（图 3-78）。在原中心绿地处新建湿地雨水处理系统。该系统包括一套完整的地下雨水收集、处理、回用设施（图 3-79）。具体而言，收集的雨水径流经过前端旋流沉砂预处理后流入地下蓄水池。蓄水池中的雨水径流通过阶梯型潜流滤池中的填料、植物净化处理后（图 3-80）与灌溉系统相连用于绿化喷灌。该系统通过末端调蓄实现对雨水滞留、调蓄及回用的目标，从而减少场地外排市政管网的雨水量，起到雨水资源循环利用、节约水资源的作用。

图 3-78　芙蓉小学中心活动区改造实景

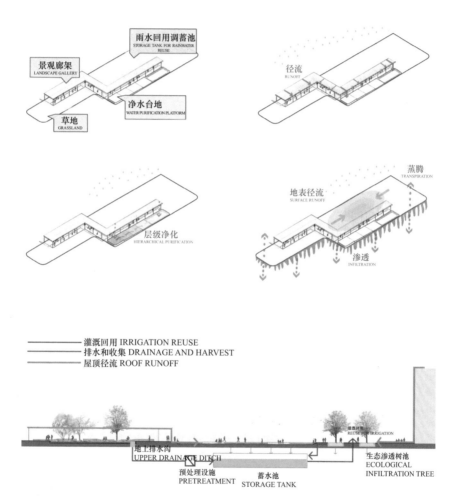

图 3-79　校园雨水收集循环利用系统示意

图 3-80　阶梯型潜流滤池示意

　　湿地长廊作为校园核心景观，其中的生态滤池以荷花为主题，搭配不同的水生、湿生植物造景（图 3-81）。池中亭亭玉立的荷花不仅突出了湿地生态水景，而且更好地诠释了学校"思汇芙蓉，出于清水，秀之世界"的教育理念。生态滤池外立面用锈红钢板与绿色植物搭配，形成了粗糙与细腻的肌理对比、厚重与明快的色彩对比。新建的休闲观赏廊架设计了不同尺度的平台以满足学生交流、聚会、休息等活动需求。场地保留了绿地中原有长势较好的乔木，通过在林下空间补充花境，丰富视觉层次上的观景体验，为师生漫步林下提供和谐静谧的空间氛围。此外，结合小气象站和海绵监测、海绵展示牌的布置，为小学生提供近距离观察、感知、参与和学习水生态知识的场所（图 3-82），起到海绵城市科普宣传的作用。

图 3-81　湿地长廊雨水处理系统实景

图 3-82　学生近距离观察生态净化系统

（3）主题科教内庭院是师生课间活动场地。通过将建筑雨落管断接的处理方式，将雨水引入雨水罐进行收集，超标雨水则引入周边绿地的雨水花园中进行消纳。雨水花园中设置小型木栈道，便于学生近距离观察雨水花园工作原理。根据师生的诉求，将破损活动场地改造为彩色透水铺装，并保护场地大型乔木（图 3-83）。通过不同色彩、图案的铺装划分，塑造了自然科学庭园和人文活力庭园两个部分，有效地增加了场地的知识趣味性，解决了活动场地不足的问题。同时在教学楼墙面绘制卡通海绵城市知识科普宣传画，向学生普及环保知识。

图 3-83　主题科教内庭院改造实景

（4）校园操场活动区内现状塑胶跑道较新，整体排水顺畅，仅破损处存在积水问题。故在对破损处塑胶进行修补的同时，在操场周边增加线性排水沟和雨水花园以便雨水排出、消纳。另将校区一角改造为菜园，与雨水收集罐、生态渗沟等收、排水设施结合（图 3-84）。学生在老师带领下可在这里亲近自然，在劳动中学习使用雨水收集罐，体验种植蔬菜的乐趣。

图 3-84　校园一角菜园改造

5. 校园海绵改造后效益分析

本项目共建设雨水花园 1218m²，生态树池 16m²，湿地长廊 181m²，地下蓄水池 63.5 m³，透水铺装 5326m²。对芙蓉小学海绵设施规模计算见表 3-11，经验证，满足试点区海绵建设要求。经计算，当校园内雨水回用设施容积达 140 m³ 时，全年可实现雨水利用量 1579 m³，相当于实现自来水替代率 60%。随着芙蓉小学"海绵 +"模式充分落地，学校还举办了"海绵知识小课堂""海绵大使"评选等活动，增强学生对 LID 技术、湿地雨水处理系统、雨水循环利用、智慧校园的体验和认知。芙蓉小学海绵改造工程不仅解决了水环境问题，而且由于改造融合了环境教育的理念，还实现了环境认知和体验互动需求，受到了师生以及家长的欢迎，也得到了行业内领导专家的高度评价。

表 3-11　芙蓉小学海绵改造后指标分析

汇水总面积	径流系数	总调蓄量	径流控制率	径流污染（以 SS 计）去除率	雨水资源利用率
22 644m²	0.66	643.6m³	76.8%	60.7%	16.8%

6. 项目总结

芙蓉小学海绵改造项目是在城市建成区复杂条件下解决城市雨洪问题、实现环境可持续发展的创新尝试。为应对海绵城市建设实践探索与需求，本项目提出了"海绵 +"创新复合模式的海绵改造体系，明确了多目标校园海绵改造体系构建程序及实施途径，探索了雨洪管理与景观环境、文化塑造及学生科普体验有机融合的模式，使之成为"海绵 + 景观 + 文化"等多功能复合的校园新空间。其意义在于打破单一的工程目标，在解决水生态、水环境、水安全和水资源问题的同时，基于场地特色横向拓展、多专业协同，实现了水景观、水文化的融合。

二、哈佛摇篮幼儿园海绵改造工程

哈佛摇篮幼儿园位于通州区武夷花园社区内，园区于 2018 年完成海绵改造工程。

幼儿园海绵改造总面积为 6530 m²，包含 2 栋建筑屋顶绿化改造面积 2214 m²，透水铺装 576.8 m²，下凹式绿地 261 m²，雨水花园 81.2 m²，新建排水沟 320 m，垂直种植墙 16.3 m²。

　　幼儿园整体地势相对平坦，坡度较小，与周边地区相比，地势较高。由于幼儿园内局部存在低洼处，不利于雨水收集排除。因此以地形为基础，结合现状雨水管道的布置，划分雨水排水分区。在此基础上，进一步细分 LID 子排水分区，因地制宜地采用雨水花园、下凹式绿地、透水铺装、盖板排水沟等收集屋顶、道路及屋前路雨水，保证 LID 设施切实发挥作用，完善幼儿园雨水系统，兼顾幼儿园基础设施修补，营造小朋友可以开心活动、与水为友的环境（图 3-85、图 3-86）。

图 3-85　哈佛摇篮幼儿园海绵改造实景

图 3-86　改造后的校园水池

（1）通过对屋顶承重荷载进行评估，采用轻质材料绿地贴种植宜成活、低养护的佛甲草进行屋顶绿化改造，给孩子提供科普活动场所（图 3-87）。

图 3-87　屋顶绿化实景

（2）由于建筑物相对于周边地形较低，加上建筑物排水为散排形式，导致雨水倒灌进建筑室内。在建筑周边增加雨落管，同时新建盖板排水沟等将原屋顶散排雨水有组织地引入周边绿地 LID 设施中。

（3）幼儿园入口处绿地大部分采用微地形设计，绿地普遍高于道路，不利于雨水就地消纳和径流控制；通过地形梳理，因地制宜地采用雨水花园、下凹式绿地对雨水进行滞蓄和消纳；丰富植物配置，增加园区植物多样性。

（4）修复破损塑胶场地，将原有破损硬化铺装拆除，新建彩色透水铺装，兼顾美观和使用功能。

哈佛摇篮幼儿园通过海绵改造年径流总量控制率达 76.5%，SS 去除率达 60.3%，解决了校园积水及基础设施破损的问题，给孩子们提供了舒适、宜人的学习、生活环境。同时作为副中心海绵城市试点区首批改造示范工程，幼儿园得到了学校及家长的认可（图 3-88），具有良好的工程品质及示范效益，使得海绵改造工程在试点区得到推广。

图 3-88　幼儿园海绵改造得到师生认可

三、北京小学通州分校海绵改造工程

北京小学通州分校位于通州区水仙东路西侧、京贸家园东侧。校园占地面积 21 585 m²，其中建筑面积 7086 m²。校园海绵化改造过程中，主要采取了"渗、滞、蓄、净、用、排"的技术措施，形成一套完整的雨水收集、存储、净化、利用的循环系统。首先，将建筑屋顶雨水管散排到地表的雨水有组织地引入生物滞留池进行滞蓄、净化。其次，将破损的硬化铺装改造为透水、生态的彩色铺装（图3-89、图3-90），同时采用线性排水沟将路面下渗后超标的雨水引入生物滞留池进行收集处理。最后，构建雨水积蓄—净化—利用循环系统：将生物滞留池溢流出水和雨水管网末端雨水引入蓄水模块，蓄集的雨水通过净化，循环使用，作为补充绿化灌溉用水。校园改造透水铺砖面积 5130 m²，生物滞留池 435 m²，蓄水模块 65 m³，绿化面积 1817 m²。校园在进行海绵改造的同时增加了公共服务配套设施，针对海绵改造和生态保护的相关内容进行了科普教育，设计了海绵城市科普展示区，增加了植物的多样性，营造了生态校园（图3-91）。校园经海绵改造梳理了交通流线，保证学生活动路线通达性，利用铺装形式区分学生活动空间，营造了丰富多样的场地布局。校园经过海绵改造后，满足海绵城市建设各项指标要求，有效缓解了雨水外排市政管网的压力。

图 3-89　校园广场彩色透水铺装改造

图 3-90　生态树池改造

图 3-91　雨水花园实景

"十三五"课题研究成果篇

第四章

北京城市副中心海绵城市建设的
新型 PPP 模式研究

第一节
PPP 模式适用范围和可行性研究

一、PPP 模式的由来及发展

1. PPP 模式的起源与发展

PPP 即 "Public Private Partnership" 的英文简写，并非一个新生事物。目前对其有多种译法，如公私合作伙伴、政府与社会资本合作、公共民营合作制、民间开放公共服务等，对于其定义不同学者也持有不同的看法。McBride 等认为 PPP 可被视为一种公共部门主体和私营部门实体之间签订的长期合同或协议，协议规定由私营部门实体进行公共基础设施的建设、管理，或由私营部门代表公共部门（利用基础设施）向社会公众提供各种服务。Hodge 等认为 PPP 可被宽泛的定义为公共部门与私营部门之间一种合作形式。Kernaghan 认为 PPP 是指为了实现共同目标和互惠互利，公共部门与私营部门以权力共享、共同经营、共同维护以及信息共享为基础而形成的合作关系。Savas 认为广义的 PPP 是指公共部门和私营部门共同参与产生和提供物品或服务的行为。Yescombe 等认为 PPP 是一种公共部门与私营部门共同分担风险、建设公共基础设施的长期合作形式，由私营部门负责公共基础设施的融资、设计、建造及运营，公共部门或实际使用者向私营部门支付费用，基础设施的所有权可由公共部门持有抑或转移至私营部门。

国内专家学者也对 PPP 进行了系统深入的研究。王守清等认为，PPP 有广义与狭义之分，广义 PPP 泛指公共部门与私营部门为提供公共服务所建立的合作关系；狭义 PPP 强调在项目中公共部门的产权（股份），以及与私营部门的风险分担和利益共享，特指"建设—运营—转让"（BOT）、"建设—融资—经营"（DBFO）等一系列项目融资方式。孙洁认为 PPP 模式不是简单的项目融资，而是管理模式，其具有多样性、复杂性和长期性，不能简单地看成狭义的 PPP 模式，如 BOT、"移交—经营—移交"（TOT）、"建设—拥有—经营—转让"（BOOT）等。赖丹馨等认为 PPP 是一种特殊的公共服务供给机制，针对特定的公共项目，由政府发起，在公共部门和私营部门之间建立的长期合同关系，包括融资、建设、运营等权利和责任的分配。李秀辉等认为 PPP 是一种公共基础设施的项目融资模式，PPP 的推行有利于加快我国基础设施建设。

不同国家、地区和机构对 PPP 的定义也有所区别，具体模式和分类也尚未达成一致的看法。过多分析他国国情下的 PPP 模式也无意义，但通过总结不同国家、地区和机构对 PPP 的定义发现，它们均有一点共同之处：都可视为一种政府与私人的合作模式。根据中国基础设施建设体量大、资金需求高、基础设施公有化程度高以及国有企业占建设主导的实际国情，PPP 模式在中国进行了相应的衍化，"Public"一般指代政府部门，而"Private"通常指代国有社会资本，结合国内财政部、发改委以及国务院办公厅颁布的相关文件，可以得到如下中国式 PPP 内涵：

（1）政府授权政府具体职能部门作为实施机构参与 PPP 项目建设，实施机构向国有社会资本授予特许经营权，制定规则并进行有效监管。

（2）国有社会资本需要出资参与项目设计、建设、运营等某一或全部环节，并获得合理回报，提供合格的产品和服务，表现出比政府传统模式下更高的效率。

（3）政府依据项目服务质量和产出效果支付国有社会资本相应费用，回报与绩效挂钩。

（4）双方长期合作、相互信任、共担风险。

2. PPP 模式的基本属性

总结世界各国、地区和有关国际组织对 PPP 模式的定义及运作特点，PPP 模式具有如下基本属性。

1）建立长期合作伙伴关系

PPP 模式的核心属性是建立公共部门与私营部门之间长期的、可持续的伙伴关系，因此反对急功近利，强调长期合作及项目运作的可持续性。在具体项目的运作方面，强调以最少的资源投入，实现尽可能多的产品和服务，通过建立长期合作伙伴关系，实现项目周期全过程的资源最优配置。

2）强调建立合理的利益共享机制

在 PPP 模式的交易结构设计中，公共部门和私营部门的利益诉求不同，公共部门首先要维护公共利益，私营部门则追求商业利益，两者可能出现冲突，但必须兼顾各方利益诉求。公共部门一般不与私营部门争夺商业利润，应重点关注保障公共利益，提高公共服务的质量和效率。私营部门承担的 PPP 公益性项目，不应追求商业利润最大化，而应强调取得相对平和、稳定的投资回报。政府通过核定经营收费价格，或者以购买服务的方式使私营部门获得收入，实现项目建设运营的财务可持续性。要避免企业出现暴利和亏损，实现"盈利但不暴利"，对私营部门可能获得的高额利润进行调控。

3）强调建立平等的风险共担机制

PPP 项目各参与主体应依据对风险的控制力，承担相应的责任，不过度将风险转移至合作方。私营部门主要承担投融资、建设、运营和技术风险，应努力规避因自身经营管理能力不足引发的项目风险，并承担大部分甚至全部管理职责。公共部门主要承担国家政策、标准调整变化的风险，尽可能大地承担自己有优势的伴生风险。禁止政府为项目固定回报及市场风险提供担保，防范将项目风险转换为政府债务风险。双方共同承担不可抗力风险。通过建立和完善正常、规范的风险管控和退出机制，发挥各自优势，加强风险管理，降低项目整体风险，确保项目成功。

4）以合同为基础

PPP 项目必须以合同为基础进行运作，不需要公共部门和私营部门直接签订合同的项目运作模式，不属于 PPP 模式。需要在项目合同中明确界定公共部门和私营部门之间的合作伙伴关系。合同必须界定各方的职能和责任，项目产出要求以及绩效考核内容等，并以合理的方式确保利益共享、风险共担。强调公共部门和私营部门之间要平等参与、诚实守信，按照合同办事。一切权利和义务均需要以合同或协议的方式予以呈现，这使得合同的谈判及签署显得尤为重要。

5）建立严格的监管和绩效评价机制

这一基本属性的相关内容仅在世界银行和中国国务院办公厅给出的定义中有所体现，财政部虽未在定义中明确提及，但也发布了诸多相关文件（表 4-1）。在实际操作中，PPP 项目无论是使用者付费还是政府付费，都应加强绩效管理，按绩效付费，确保所提供的公共产品和公共服务的质量和效率，对于环保、市政工程等领域的 PPP 项目来说，对私营部门的绩效考核则显得更为重要。公共部门要对 PPP 项目运作、公共服务质量和公共资源使用效率等进行全过程监管和综合考核评价，认真把握和确定服务价格和项目收益指标，加强成本监审、考核评估、价格调整审核。对未能如约、按量、保质提供公共产品和服务的项目，应按合约要求私营部门限期整改，项目绩效的监管和评价，可以考虑由第三方专业机构进行。

表 4-1　中国涉及 PPP 项目绩效考核内容的相关文件及办法

文件名称	发布单位	发布时间	涉及绩效考核内容的条款
《财政部关于推广运用政府和社会资本合作模式有关问题的通知》	财政部	2014 年 9 月 25 日	"财政补贴要以项目运营绩效评价结果为依据，综合考虑产品或服务价格、建造成本、运营费用、实际收益率、财政中长期承受能力等因素合理确定"等
《关于印发政府和社会资本合作模式操作指南（试行）的通知》	财政部	2014 年 11 月 29 日	1. "定期监测项目产出绩效指标，编制季报和年报"； 2. "政府有支付义务的，项目实施机构应根据项目合同约定的产出说明，按照实际绩效直接或通知财政部门向社会资本或项目公司及时足额支付"等
《关于在公共服务领域推广政府和社会资本合作模式指导意见的通知》	国务院办公厅	2015 年 5 月 19 日	1. "政府依据公共服务绩效评价结果向社会资本支付相应对价，保证社会资本获得合理收益"； 2. "在政府和社会资本合作模式下，政府以运营补贴等作为社会资本提供公共服务的对价，以绩效评价结果作为对价支付依据"； 3. "建立政府、公众共同参与的综合性评价体系，建立事前设定绩效目标、事中进行绩效跟踪、事后进行绩效评价的全生命周期绩效管理机制，将政府付费、使用者付费与绩效评价挂钩，并将绩效评价结果作为调价的重要依据，确保实现公共利益最大化"等

续表 4-1

文件名称	发布单位	发布时间	涉及绩效考核内容的条款
《关于在公共服务领域深入推进政府和社会资本合作工作的通知》	财政部	2016 年 10 月 11 日	"要加强项目全生命周期的合同履约管理，确保政府和社会资本双方权利义务对等，政府支出责任与公共服务绩效挂钩"等
《政府和社会资本合作项目财政管理暂行办法》	财政部	2016 年 10 月 20 日	1."合同应当约定项目具体产出标准和绩效考核指标，明确项目付费与绩效评价结果挂钩"； 2."各级财政部门应依据绩效评价结果合理安排财政预算资金。对于绩效评价达标的项目，财政部门应当按照合同约定，向项目公司或社会资本方及时足额安排相关支出。对于绩效评价不达标的项目，财政部门应当按照合同约定扣减相应费用或补贴支出"等
《基础设施和公用事业特许经营管理办法》	发改委	2015 年 4 月 25 日	"实施机构应当根据特许经营协议，定期对特许经营项目建设运营情况进行监测分析，会同有关部门进行绩效评价，并建立根据绩效评价结果、按照特许经营协议约定对价格或财政补贴进行调整的机制，保障所提供公共产品或公共服务的质量和效率。实施机构应当将社会公众意见作为监测分析和绩效评价的重要内容"等
《传统基础设施领域实施政府和社会资本合作项目工作导则》	发改委	2016 年 10 月 24 日	"PPP 项目合同中应包含 PPP 项目运营服务绩效标准。项目实施机构会同行业主管部门，根据 PPP 项目合同约定，定期对项目运营服务进行绩效评价，绩效评价结果应作为项目公司或社会资本方取得项目回报的依据"等
《基础设施和公共服务领域政府和社会资本合作条例（征求意见稿）》	国务院法制办	2017 年 9 月 29 日	"合作项目协议中应当约定，社会资本方的收益根据合作项目运营的绩效进行相应调整。由使用者付费或者政府提供补助的合作项目，合作项目协议应当载明价格的确定和调整机制；依法实行政府定价或者政府指导价的项目，按照政府定价或者政府指导价执行"等
《关于组织开展第四批政府和社会资本合作示范项目申报筛选工作的通知》	财政部	2017 年 7 月 14 日	"项目应当建立完善的运营绩效考核机制"等
《关于规范政府和社会资本合作（PPP）综合信息平台项目库管理的通知》	财政部	2017 年 11 月 10 日	"未建立按效付费机制。包括通过政府付费或可行性缺口补助方式获得回报，但未建立与项目产出绩效相挂钩的付费机制的；政府付费或可行性缺口补助在项目合作期内未连续、平滑支付，导致某一时期内财政支出压力激增的；项目建设成本不参与绩效考核，或实际与绩效考核结果挂钩部分占比不足 30%，固化政府支出责任的项目不得入 PPP 项目"等

3. 国外 PPP 模式的开展情况

20 世纪 80 年代，PPP 模式最初应用于英国的交通、教育、医疗、污水处理等公共服务领域。20 世纪 90 年代，加拿大也开始大规模将 PPP 模式应用于交通、医疗、能源、司法、教育、住房、供水与污水处理、娱乐文化以及 IT 等行业，并不断开拓PPP 模式应用范围。美国作为城市雨水管理理念比较先进的国家之一，在总结 PPP

模式在高速公路、污水处理以及垃圾收集与处理等领域的应用经验后，2015 年开始尝试将 PPP 模式与城市雨水管理相结合，较早在马里兰州的乔治王子县、霍华德县、蒙哥马利县以及安妮·阿伦德尔县等地区采用 PPP 模式改造并新建雨水基础设施以满足美国环境保护署（U.S. Environmental Protection Agency，EPA）对切萨皮克湾地区的最大日负荷总量（Total Maximum Daily Load，TMDL）限制。2011 年，英国公共部门基础设施投资中 PPP 占比仅为 15%，德国、意大利、西班牙、挪威等欧洲国家在 3% ~ 5%，奥地利、匈牙利、瑞典、瑞士等国甚至为零。2014 年欧洲仅有 13 个国家使用过 PPP 模式用于基础设施和社会事业领域的建设，所有的这些国家采用 PPP 模式的项目共 82 个，累计总融资规模为 187 亿欧元，且主要是交通项目。因此总体上，PPP 模式在国外的应用并不普遍。

1）美国

美国国会积极立法保障雨水的调蓄及利用。为了加强对雨水径流及其污染控制系统的识别和管理利用，美国颁布了 1972 年的联邦水污染控制法（Federal Water Pollution Control Act，FWPCA）、1987 年的水质法案（Water Quality Act，WQA）和 1997 年的清洁水法（Clean Water Act，CWA）。联邦法律要求对所有新开发区强制实行就地滞洪蓄水，即改建或新建开发区的雨水下泄量不得超过开发前的水平。在联邦法律基础上，各州相继制定了《雨水利用条例》。

除了雨水排放许可外，一些地区还建立了雨水排放收费机制，美国联邦和各州采用控制总税收、发行义务债券、联邦和州给予财政补贴与贷款等一系列的经济手段，确保雨水的合理处理及资源化利用，推动城市与区域海绵城市的可持续性发展。美国佛罗里达州和科罗拉多州的博尔德市制定专门的雨水管理条例和雨水税收制度，控制新开发区的径流量保持在较前的水平，否则增税或罚款。

早在 1990 年前后，美国各州、县就已经开始对雨水项目的合作方式和融资模式进行了积极地探索。如俄克拉何马州塔尔萨（Tulsa）县的典型做法是：当地政府通过成立雨洪管理局，集中不同来源的资金（雨洪管理费、一般性财政拨款等）分别设立流域综合管理基金、雨水改造项目基金及维护运行专项基金，为参与雨水项目的承建商和运营商付费。除此之外，还设立咨询委员会、管理办公室等机构对项目实施过程中的日常工作进行指导，并制定相应的雨洪管理政策。

美国费城在道路、公园等城市公共用地上的雨水管理项目，由政府投资主导建设。而对私有土地上的商业开发项目，通过严格的雨水管理制度、标准来要求开发商投资建设，如要求超过 1394 m² 的新建、改建项目建设绿色基础设施至少控制 25mm 的降雨。除硬性约束性政策外，政府还采用各种激励政策，吸引社会投资者，对已建项目实施改造，如鼓励业主建设在能够达到本地产生的径流量控制标准以外，控制更多的径流的雨水控制设施，政府根据额外效果对建设费用进行补贴。在此基础上，费城还采用了类似工程总承包的建设模式，由第三方总包公司全程负责项目的设计、建设和运维，并负责说服私人业主参与，通过对组织多个项目进行联合申请，降低申请成本，获得边际收益，同时分散风险。在补贴之下，私人业主不仅能够获得长期雨水收费的折扣，并且能在一定程度上减少安装投入的费用，另外私人业主也获得美化社区环境、提高地产价值等一些附加价值，这激励了更多的私人地块建设雨水设施。而美国华盛顿特区同样也采用了硬性标准和激励措施相结合的方式推广雨水设施的建设，硬性标准有场地控制和场外控制两种方式，其中场外控制通过缴费和交易两种途径实行，激励措施上通过探索实施雨水信用市场创造了灵活的异地滞留交易，由此产生了专门投资建设绿色基础设施的投资公司。形式上，开发项目在本地能够控制超过规定径流体积标准的部分可转化成雨水滞留信用额，在市场上进行交易；而对改建项目通过雨水控制设施减少的不透水面积可获得日常用水费用减免，或增加透水面积获得水费抵扣。

在 PPP 模式方面，以马里兰州乔治王子县开展的情况进行说明。

（1）概况。

乔治王子县位于美国马里兰州，邻近切萨皮克湾。为了满足美国环保署对马里兰州减少雨水径流污染和切萨皮克湾的单日最大污染负荷总量（TMDL）的要求，项目需要完成近期约 32 km²、远期约 60 km² 的不透水地面的海绵化改造。通过采用雨水花园等工程技术缓解雨水径流污染，满足有关法律的要求，项目总投资约 1.2 亿美元。

（2）总体框架。

经过对传统模式和创新模式的成本与进度的综合比选，县议会决定采用 PPP 模式推进海绵城市建设。通过 PPP 项目，县议会希望达到如下目标：利用私营资本，转移风险，节约成本，增加就业，提升当地企业的经营实力，促进经济增长，改善水质，改善生态环境，提升生活品质等。经过一年多的谈判，最终县议会与一家专门从事环境、能源和基础设施的公司签订 PPP 项目协议，合作期为 30 年。

（3）实施要点。

①具体运作方式。乔治王子县海绵城市 PPP 项目具体采用设计—建设—融资—运营—维护（DBFOM）的运作方式。政府与社会资本共同出资成立项目公司，项目公司全权负责乔治王子县海绵城市的设计、建设、融资、运营和维护工作，项目公司可将各部分工作分包给专业公司。相比传统模式，采用 PPP 模式全寿命期预计将节省40%的成本。

②融资结构。乔治王子县海绵城市 PPP 项目采用项目融资的方式，即以项目公司为载体，通过面向养老金、保险基金等机构投资人发行免税的债券，获取低成本的资金，并且实现了破产隔离、表外融资和账户监管等。以当地居民和商户需缴纳的雨污费作为项目的收入来源。

③附加条件。为了促进当地就业、推动当地经济发展和提升当地企业的经营实力，PPP 项目合同明确要求 35%的工程要委托给当地的小企业、拥有女性和少数族裔员工的企业实施。项目 80%的雇员必须是当地人，预计创造 5000 人的初级就业岗位。

项目采用分期推进的方式，2017 年前先完成约 8 km² 的改造工程，如果项目绩效考核良好，再授予翻倍的工程量。与此同时，县议会还通过传统模式实施约 8 km² 的改造工程。双方事实上形成了一种竞争和比较的关系，一方面有助于提高效率，降低成本，另外一方面也有助于对 PPP 模式进行评估。而比较的结果直接决定了县议会是否扩大 PPP 模式的应用范围，同时对其他区域也会产生积极的决策影响。

④ 回报机制。美国乔治王子县的环境部门与 Corvias Solutions 公司建立了关于 LID 建设 PPP 模式的合作关系，合约为期 30 年，合作模式为 DBFOM 模式，即设计—建设—融资—运营的运作方式。最终目标是将乔治王子县的 60.7 km² 的不透水表面，通过添加雨水控制装置，转化为吸收雨水的表面。Corvias Solutions 公司需要花费约 1 亿美元，在 3 年内改造 8.1 km² 的低影响开发雨水基础设施建设，采取的收益

机制模式为使用者付费模式，由县议会对该区域的居民收取一定费用。并且，县议会设立了奖励机制，如果 Corvias Solutions 公司可以在预算内准时完工，便能够获得另外 8.1 km^2 的雨水设施改造权。同时，该项目还发行了免税债券，由公众缴纳的雨污费作为收益，还有意向当地企业进行倾斜。

2）德国

德国在法律手段方面积极配合海绵城市的建设，出台联邦水法、建设法规和地区法规来保证水的可持续性利用。在 1986 年和 1996 年两次修改联邦水法，分别提出"每位用户有义务节水，保证水供应的总量平衡"和"水的可持续利用"理念并强调"排水量零增长"的概念。各州有关雨水利用的法规、政策导向的基础是联邦水法。德国采用收取雨水排放费与经济激励等措施实现排入管网径流量的零增长。德国目前通过征收高额雨水排放费限制不透水地面，并且按不透水地面的面积收取雨水排放费。雨水排放费的定价是普通自来水价格的 1.5 倍，采取雨水处理措施的用户可获得减免优惠。同时在新建工业、商业及居民小区时，住宅、厂房、花园等建筑若没有雨水利用装置，政府将根据建筑物造价征收一定的雨水排放费，此项资金主要用于雨水项目的投资补贴，以鼓励雨水利用项目的建设，为此房地产开发商纷纷建造绿色屋顶等利用装置。对于能主动收集使用雨水的住户，政府每年都给予一定金额的"雨水利用补助"。

3）新西兰

（1）雨水系统建设、运营和维护的资金保障。奥克兰雨水系统的建设分为两种情况：对于已建成区，绿色基础设施的新建或改造，以及灰色排水系统的提标改造，全部的费用都由奥克兰政府承担，并且已建成区公共雨水资产的所有权归奥克兰政府所有，而非公共雨水资产则归私人所有。如果要在已建成区域内进行二次开发，根据奥克兰政府的法案，会征收开发商额外的开发税（Development Contribution）作为雨水系统费用的补贴（注：仅开发税中的一部分用于雨水系统费用的补贴）；对于未建或待建区域，雨水系统建设费用全部由开发商承担，开发商既可以是私营企业，也可以是类似新西兰公房署（Housing New Zealand）的政府机构，雨水系统包括地下排水设施、地上绿地公园等开放空间的建设等。另外，奥克兰地区全部公共雨水系统设施的运营维护费用都来自奥克兰政府，新西兰中央政府不提供财政支持，雨水系统由当地政府负责，非公共雨水设施的运营维护由所对应的责任主体负责。

（2）广泛的私营企业参与和完善的承包商制度。在奥克兰，绝大部分雨水系统建设项目的规划设计、施工都是通过竞标外包给承包商，而雨水系统的运营维护工作大多也都是通过服务外包与管理外包的方式，由政府向承包商支付符合验收标准的服务费。政府采购服务的合同非常详尽，包括服务的区域范围、奥克兰雨洪管理部和承包商之间的责任边界、承包商关键绩效指标（KPI）的考核、付费的金额规模等内容。通过完善的承包商制度，提高公共服务质量的同时，也保障了企业的合理收益，这类似于国内的委托运营模式。

（3）雨洪管理责任主体之间的协调机制。在奥克兰，雨洪管理由一个员工已经超过 130 人的独立雨洪管理部主要负责，并协调当地多个机构共同参与。在新区域开发过程中，雨洪管理部和城市开发控制部要对大规模开发区域内雨水设施的规划设计、建设情况进行审查，满足要求之后，开发商方可进行后续的工作（注：如为很小规模的开发，规划部门就可审定）。除此之外，雨洪管理部还通过与交通部、公园管理部签订服务协议（SLA），明确在道路、公园内雨水设施的维护运营责任。

（4）完善的法律和市场化。雨洪管理体系的运行以及专业公司的广泛参与都离不开完善的法律法规和公平的市场竞争机制。奥克兰通过规范的法规约束，不仅形成了一个公平高效的市场环境，也建立了一个被资本市场认可的政府支付和履约保障体系，这无疑促进了奥克兰政府在雨水系统公共管理上的效率。

新西兰和美国在雨水领域的以下方面为 PPP 项目提供了重要的保障：健全的法律保障和市场机制；多样的融资渠道和政策支持；完善的政府与企业合作制度；专业管理团队和责任主体间强有力的协调机制；政府的诚信及其与市场良好的合作关系等。

二、国内海绵城市 PPP 开展情况

1. 海绵城市试点 PPP 项目建设情况

PPP 模式是我国目前主推的城市基础设施建设模式。该模式将社会资本的市场活力融入基础设施的建设中，同时发挥政府相关职能部门的主导作用，合作双方取长补短，发挥各自优势，以最低的成本为公众提供高质量的服务，保障项目质量。以下主要就部分第一批国家试点城市的海绵 PPP 项目的开展情况进行调研，分析其交易结构、投资占比、打包内容及考核边界等内容，为典型海绵城市 PPP 项目绩效考核方法的确定提供依据。

1）镇江市海绵城市 PPP 项目

镇江市海绵城市 PPP 项目范围为试点区内 22 km^2 的全部建设工作（水域面积 11.5 km^2），镇江市住房和城乡建设局作为实施机构授权镇江市水业总公司与中国光大水务有限公司合作成立项目公司。项目公司负责实施试点区内道路、老小区（既有小区）的 LID 整治工程、公园、污水处理厂、雨水泵站、管网、水环境修复保护、智慧海绵系统建设等工程。项目总投资 25.85 亿元，其中中央财政专项资金 12 亿元，PPP 项目公司投资 13.85 亿元，特许经营合作期限为 23 年。

2）嘉兴市海绵城市 PPP 项目

嘉兴市海绵城市 PPP 项目共分为 2 个 PPP 项目包，总投资 12.9 亿元，分别为嘉兴市长水塘、长盐塘水文化生态长廊建设工程 PPP 项目（以下简称"长廊工程"）和嘉兴市城东再生水厂工程（以下简称"再生水厂工程"），签订 2 份协议合同。

长廊工程由嘉兴市海绵城市投资有限公司（政府方）与建信信托有限责任公司、北京泰宁科创雨水利用技术股份有限公司、中元建设集团股份有限公司、嘉兴市园林绿化工程公司等多家公司组成的社会资本方联合体合作成立项目公司。项目公司负责实施 3.7 km^2 的海绵城市建设任务，包括嘉兴市市民广场、嘉兴市长水塘生态廊道以及两个面积较小的独立排水分区项目片区，涉及公建小区、绿地、市政道路等海绵化改造任务、饮用水水源地水质改善、河道生态化治理与修复任务，项目投资 8.63 亿元，合作期限 16 年。

再生水厂工程由嘉兴市嘉源生态环境有限公司与北京碧水源科技股份有限公司合作成立项目公司，项目公司负责新建设计处理规模为 $8×10^4\,\mathrm{m}^3/\mathrm{d}$ 的再生水厂工程任务，总投资 4.27 亿元，特许经营合作期限为 30 年。

3）池州市海绵城市 PPP 项目

池州市海绵城市 PPP 项目分为 3 个 PPP 项目包，总投资约 42.26 亿元，分别为池州市海绵城市滨江区及天堂湖新区棚改基础设施 PPP 项目（以下简称"天堂湖工程"）、池州市海绵城市建设清溪河流域水环境综合整治 PPP 项目（以下简称"清溪河工程"）以及池州市主城区污水处理及市政排水设施购买服务 PPP 项目（以下简称"厂网工程"）。其中清溪河工程项目实施区已覆盖试点示范区以外的建设项目，对池州市的整体海绵城市建设的带动起到了促进作用。

天堂湖工程由池州城市经营投资有限公司与中铁四局集团有限公司合作成立项目公司，项目公司负责三个项目子工程的建设：①滨江棚户区道路基础设施海绵化改造；②天堂新区道路基础设施新建工程；③天堂湖公园建设工程。总投资 12.8 亿元，特许经营合作期限为 12 年。

清溪河工程由池州市水业投资有限公司与深圳市水务（集团）有限公司、上海市政工程设计研究总院（集团）公司合作的联合体成立项目公司，项目公司负责四个项目子工程的建设：①汇景片区（2.99 km²）及观湖 - 赵圩片区（2.31 km²）海绵城市综合改造工程；②三河三湖（红河、中心沟、天平湖排涝沟、南湖、观湖、赵圩）黑臭水体整治工程；③尾水湿地项目，建设 1×10^5 t/d 的污水处理厂、尾水生态处理、引水工程、节制闸、拦水坝、过路涵、喷泉系统和跌水堰等设施。总投资 8.96 亿元，特许经营合作期限为 12 年。

厂网工程由池州市水业投资公司与深圳市水务（集团）有限公司合作成立项目公司，项目公司负责建设 3 座污水处理厂，共计 1×10^5 t/d 处理能力和 554 km 排水管网及配套设施，总投资 20.5 亿元，特许经营合作期限为 26 年。

4）萍乡市海绵城市 PPP 项目

萍乡市海绵城市 PPP 项目虽仅签约一个 PPP 合同，却分为了三个标段实施（即三个 PPP 项目包），均由中国水利水电第八工程局有限公司作为社会资本方建设、运营实施，建设面积为 7.19 km²，包括万龙湾内涝区海绵城市建设 PPP 项目（3.83 km²，以下简称"万龙湾工程"）、蚂蝗河综合整治及山下内涝区海绵城市建设 PPP 项目（2.42 km²，以下简称"蚂蝗河工程"）以及西门内涝区海绵城市建设 PPP

项目（0.94 km²，以下简称"西门工程"）。打包内容包括：地块和道路改造项目、雨污水管线项目、防涝设施建设项目、调蓄设施建设、湖河生态化建设项目共计五类。总投资 28.55 亿元，特许经营合作期限为 20 年。

5）鹤壁市海绵城市 PPP 项目

鹤壁市海绵城市 PPP 项目是一项水系生态治理工程，鹤壁市住房和城乡建设局为政府部门实施机构。鹤壁海绵城市建设投资有限公司与通号创新投资有限公司组成项目公司，负责 38 km 长，约 3.3 km² 的水系生态治理任务，建设内容包括生态护岸、岸边海绵化改造（透水铺装、生物滞留等）、水生植物种植、河道底泥疏浚、拦水坝、雨污分流及合流制溢流口改造、滨水区海绵城市建设等。总投资 11 亿元，特许经营合作期限为 16 年。

6）迁安市海绵城市 PPP 项目

迁安市海绵城市 PPP 项目范围为试点区总面积 21.5 km²，迁安市海安投资有限公司与同方股份有限公司、深圳华控赛格股份有限公司、北京中环世纪工程设计有限责任公司以及北京清控人居环境研究院有限公司的社会资本方联合体合作成立项目公司。PPP 模式的投资项目共分为 9 个项目包，包括污水处理厂提标改造项目、污水厂新建项目、供水厂及水源地新建项目、道路及管网海绵化改造项目、建筑与小区海绵化改造项目、三里河郊野公园、生态走廊海绵化改造项目、三里河下游整治项目以及一体化信息平台建设项目，其中经营性子项目，如 8×10^4t/d 的污水厂提标改造项目、5×10^4t/d 的供水厂新建项目服务期为 25 年（含建设期），非经营性子项目的服务期为 17 年（含建设期），总体投资估算 19.32 亿元。为突出整体性考核，明晰责任，由政府投资自建的 2 个项目包，涉及 64 个建筑小区项目，4 条道路管网项目和 7 个广场绿地项目，建成后交由项目公司运营管理，由项目公司制定统一运营维护方案和机制，运维服务期限为 8 年。

7）南宁市海绵城市 PPP 项目

南宁市竹排江上游植物园段（那考河）流域治理 PPP 项目是南宁海绵城市建设的重点示范项目，治理河道全长 6.64 km，其中主河道长 5.4 km，支流河道长1.24 km。由北京城市排水集团有限责任公司与南宁建宁水务投资集团有限责任公司合作组成项目公司，社会资本方承担项目融资、建设与运营，政府通过考核项目绩效逐年支付其服务费。打包内容包括河道整治、截污治理、生态修复、污水厂建设、沿岸景观、海绵城市示范（岸边生物滞留、植草沟，透水铺装建设）、信息化监控工程等，项目投资约为 11.98 亿元，特许经营合作期限为 10 年。

8）武汉市海绵城市 PPP 项目

武汉市海绵城市 PPP 项目由武汉市城乡建设委员会作为政府实施机构，武汉海绵城市建设有限公司作为政府出资方与武汉钢铁集团公司、武钢绿色城市建设发展有限公司以及武钢现代城市服务（武汉）集团有限公司等企业组成的社会资本方联合体合作成立项目公司。建设内容包括 11 条道路、68 个社区公建、1 个公园和 3 条管网的改造任务，涉及屋顶绿化、新建透水铺装、下沉式绿地、管网修复改造等内容。项目总投资 12.75 亿元，特许经营合作期限为 10 年。

9）白城市海绵城市 PPP 项目

白城市海绵城市 PPP 项目以老城区积水点综合整治和水环境综合保障为目的，白城中城投资建设有限公司作为政府出资方与中国建筑第六工程局有限公司和青岛冠中生态股份有限公司组成的社会资本方联合体合作成立项目公司。项目按照管网系统排水分区进行打包。有清晰的考核边界，以排水分区最下游天鹅湖湿地净化区的截流效率、水体水质为考核边界，结合区域内部积水点、水体水环境质量产出指标，形成约束性绩效考核指标体系项目。建设范围为试点区老城区的 1 至 4 号排水分区，计 7.5 km²，建设内容涉及道路及附属工程、管网改造、公园广场、建筑小区等海绵改造项目，同时承担政府建设项目的运营工作。总投资 8.01 亿元，特许经营合作期限为 15 年。

10）重庆市海绵城市 PPP 项目

后河（悦来段）生态环境综合整治工程 PPP 项目是重庆市仅有的保留在财政部 PPP 项目库中的海绵城市试点 PPP 项目。后河（悦来段）生态环境综合整治工程完成后将改变后河现状，为两江新区提供更加优质的生态服务和景观服务。该项目占地 1.22 km²，由重庆悦来兴城资产经营管理有限公司、重庆两江新区水土高新技术产业园建设投资有限公司两家企业联合体作为政府出资方与重庆三色园林建设有限公司合作成立项目公司。建设内容主要为山地海绵系统建设、山体修复系统及绿化、绿道系统，并配套建设景观小品、电气设施、环卫设施等附属工程，总投资 3 亿元，特许经营合作期限为 10 年。

11）贵州省贵安新区海绵城市 PPP 项目

贵安新区采用 PPP 模式实施海绵城市建设试点两湖一河 PPP 项目，由贵州贵安市政园林景观有限公司作为政府出资代表同中交第四公路工程局有限公司、中交第一公路勘察设计研究院有限公司、重庆两江新区市政景观建设有限公司及浙江朱仁民生态艺术投资有限公司 4 家企业组成的社会资本方联合体合作成立项目公司。该项目主要打包两个独立排水分区的公园项目：月亮湖公园（4.68 km^2）和星月湖公园（1.99 km^2），项目公司负责增量部分的海绵城市设施提升改造和项目的整体运营维护，项目投资估算 20.91 亿元，合作期为 13 年。

12）陕西省西咸新区海绵城市 PPP 项目

西咸新区沣西新城海绵城市核心区建设 PPP 项目位于沣西新城核心区，范围内包含 4 个排水分区，建设面积约为 8.23 km^2。西咸新区沣西新城管委会作为政府实施机构，陕西沣西新城投资发展有限公司作为政府出资单位与北京碧水源科技股份有限公司和河南省交通建设工程有限公司组成的联合体合作成立项目公司，负责 4 个排水分区内的海绵项目新建、改造和运营工作。新建内容包含道路及其附属设施建设、配套市政管网建设和低影响开发（LID）的建设，沣河污水处理厂和沣河沣景路泵站的建设，环形公园四期和沣河滩面治理工程；改造内容涉及 2 个公建的海绵改造、1 条道路改造以及 25 处既有雨污混接点改造和 6000 m^3 的合流制溢流（CSO）改造工程，总投资 9.52 亿元，特许经营合作期限为 30 年。

对上述 12 个第一批试点城市的 PPP 项目进行交易结构、投资比例、打包内容及考核边界等内容的对比统计分析见表 4-2。

表 4-2　部分第一批海绵试点城市 PPP 项目信息统计

项目名称	项目公司构成	注资规模（亿元）	合作期	投资（亿元）	绩效考核指标		回报机制
镇江市海绵城市建设项目	镇江市水业总公司（政府方）	1.39（30%）	23年（3年建设期+20年运营期）	13.85	污水厂考核（季次支付服务费）	①进水标准；②出水标准	①污水处理服务费；②可用性服务费；③运营管理服务费
	中国光大水务有限公司（社会资本方）	3.23（70%）			泵站考核（年次支付服务费）	①维修计划：计划上报、维修项目等；②汛期检查：水泵机组情况、电气设备情况、台账资料等；③日常管理：日常保养、汛期值班、环境卫生等	
					达标工程考核（年次支付服务费）	①设施维护：透水铺装、下凹式绿地、管渠等维护情况；②产出与效果：年径流总量控制率、面源污染减率、内涝防治标准等；③发展能力：技术改革情况、安全及应急管理	
嘉兴市再生水厂工程	嘉兴市嘉源生态环境有限公司（政府方）	0.35（49%）	30年（2年建设期+28年运营期）	4.27	再生水厂水质考核（月考核，达标率低于95%，按日考核）	①进水标准；②出水标准	污水处理服务费
	北京碧水源科技股份有限公司（社会资本方）	0.37（51%）			可用性考核	①工程建设质量；②建设过程质量控制；③环境保护；④水文化体现情况；⑤加分项：建设项目进度控制	
嘉兴市长廊工程	嘉兴市海绵城市投资有限公司（政府方）	0.65（25%）	16年（1年建设期+15年运营期）	8.63	运营维护期绩效考核	①年径流总量控制率；②水环境质量；③排水防涝、防洪情况；④雨水资源利用率；⑤日常运行维护；⑥政府应急工作响应情况；⑦民众满意度调查	①可用性服务费；②运营管理服务费
	建信信托有限责任公司（社会资本方）	1.56（60%）					
	北京泰宁科创雨水利用技术股份有限公司（社会资本方）	0.13（5%）					
	中元建设集团股份有限公司（社会资本方）	0.13（5%）					
	嘉兴市园林绿化工程公司（社会资本方）	0.13（5%）					

续表4-2

项目名称	项目公司构成	注资规模（亿元）	合作期	投资（亿元）	绩效考核指标		回报机制
池州市天堂湖工程	池州城市经营投资有限公司（政府方）	0.51（20%）	12年(2年建设期+10年运营期)	12.8	效果考核（半年次支付）	①年径流总量控制率；②内涝防治标准；③SS去除率；④地表水环境质量Ⅳ类水；⑤雨污分流比例	①可用性服务费；②运营管理服务费
	中铁四局集团有限公司（社会资本方）	2.04（80%）			维护考核	①植物生长状况；②垃圾堵塞情况；③土壤渗透性能；④雨水设施完整性；⑤植被覆盖率；⑥出水水质等	
池州市清溪河工程	池州市水业投资有限公司（政府方）	0.36（20%）	12年(2年建设期+10年运营期)	8.96	海绵城市控制指标	①单位面积控制容积；②绿色屋顶率；③排涝标准；④排涝达标率；⑤雨水管渠排放标准；⑥地表水环境质量；⑦水域面积率；⑧生态护岸改造比例；⑨雨水资源化利用率等	①可用性服务费；②运营管理服务费
	深圳市水务（集团）有限公司（社会资本方）	1.25（70%）			尾水生态处理工程考核目标	①处理水量指标；②处理水质指标：Ⅳ类水标准	
	上海市政工程设计研究总院（集团）公司（社会资本方）	0.18（10%）			黑臭水体整治工程考核目标	①满足黑臭水体工作考核要求	
池州市厂网工程	池州市水业投资有限公司（政府方）	0.43（20%）	26年	20.5	污水处理厂考核指标	①进水水质考核；②出水水质考核：一级B标准；③维护满足市政管网维护要求	①污水处理服务费；②运营管理服务费
	深圳市水务（集团）有限公司（社会资本方）	1.74（80%）					
萍乡市海绵城市建设PPP项目	萍乡市建设开发有限公司（政府方）	1.64（45%）	20年(1年建设期+19年运营期)	28.55	可用性考核	①工程质量考核；②工期考核；③安全生产考核	①可用性服务费；②运营管理服务费
	中国水利水电第八工程局有限公司（社会资本方）	2.01（55%）			运营维护期绩效考核	①内涝点消除情况；②水质指标（西门工程不考核此指标）；③年径流总量控制率	
鹤壁市海绵城市建设PPP项目	鹤壁海绵城市建设投资有限公司（政府方）	0.44（20%）	16年(1年建设期+15年运营期)	11	刚性指标	①水质标准：Ⅳ类水标准；②年径流总量控制率；③生态岸线比例；④污水直排口、溢流口消除	①可用性服务费；②运营管理服务费
	通号创新投资有限公司（社会资本方）	1.76（80%）			弹性指标	①黑臭水体整治情况；②底泥疏浚完成；③初期雨水末端处理设施；④拦水坝设置	

续表 4-2

项目名称	项目公司构成	注资规模（亿元）	合作期	投资（亿元）	绩效考核指标		回报机制
迁安市海绵城市建设项目	迁安市海安投资有限公司（政府方）	0.67（20%）	经营性子项目：25年；非经营性子项目：17年；政府自建项目：8年	19.32	可用性考核	每个子项目的工程质量要达到行业验收标准	①可用性服务费；②运营管理服务费；③污水处理服务费；④原水费；⑤净水处理服务费
	同方股份有限公司（社会资本方）	0.91（27.2%）			项目考核（季次考核付费）	①保洁；②绿化；③设施维护；④公众满意度	
	深圳华控赛格股份有限公司（社会资本方）	0.89（26.4%）			整体效果考核（年次考核付费）	①生态岸线恢复；②地下水水位；③热岛效应；④城市面源污染控制；⑤雨水资源利用率；⑥饮用水安全；⑦连片示范效应；⑧群众满意度调查等	
	北京中环世纪工程设计有限责任公司（社会资本方）	0.81（24%）					
	北京清控人居环境研究院有限公司（社会资本方）	0.08（2.4%）					
南宁市竹排江上游植物园段（那考河）流域治理PPP项目	南宁建宁水务投资集团有限责任公司（政府方）	0.20（10%）	10年（2年建设期+8年运营期）	11.98	运营期绩效考核（年次考核付费，水质每月抽检2次）	①设施运营状况：水厂指标稳定性、配套设施功能性、植物生长养护状态、日常保洁管理情况、水质监测设备工作情况；②水质标准：IV类标准，SS达到景观用水要求，透明度0.5米；③水量标准：保障河道生态基流入河；④防洪标准：50年一遇	①可用性服务费；②运营管理服务费；③污水处理服务费（项目公司正探索河道两岸旅游、简单商业开发、广告等产出收益）
	北京城市排水集团有限责任公司（社会资本方）	1.80（90%）					
武汉市海绵城市PPP项目	武汉海绵城市建设有限公司（政府方）	0.51（20%）	10年（2年建设期+8年运营期）	12.75	可用性考核	①建设质量；②工期；③环境保护；④施工安全；⑤社会影响	①可用性服务费；②运营管理服务费
	武钢现代城市服务（武汉）集团有限公司（社会资本方）	0.13（5%）			运营期绩效考核（半年次考核付费）	①水环境质量考核；②积水点监测考核；③运营维护质量及效果：绿色基础设施及管道的基础维护内容考核；④应急机制建立情况：应急预案、应急演练、应对突发事件等；⑤利益相关者满意度：政府公共部门满意度、公众满意度	
	武钢绿色城市建设发展有限公司（社会资本方）	0.64（25%）					
	武汉钢铁集团公司（社会资本方）	1.27（50%）					

续表 4-2

项目名称	项目公司构成	注资规模（亿元）	合作期	投资（亿元）	绩效考核指标		回报机制
白城市海绵城市PPP项目	白城中城投资建设有限公司（政府方）	0.16（10%）	15年（1年建设期+14年运营期）	8.01	项目产出指标考核（月次考核+季次考核+不定期随机巡查）	①雨水总量控制目标：年径流总量控制率、SS削减率；②水质指标：达到地表水四类水质标准；③雨水管渠结构性与功能性：管渠疏通率、污水混接率、溢流次数；④排水要求：2年一遇排水标准、20年一遇内涝标准；⑤其他指标：破损雨落管修复，出水有组织接入小区雨水蓄滞设施等	①可用性服务费；②运营管理服务费
	中国建筑第六工程局有限公司（社会资本方）	1.44（90%）					
	青岛冠中生态股份有限公司（社会资本方）						
重庆市后河（悦来段）生态环境综合整治工程PPP项目	重庆悦来兴城资产经营管理有限公司（政府方）	0.06（6.67%）	10年（2年建设期+8年运营期）	3	可用性考核	①工程质量；②海绵城市设计标准：年径流总量控制率、雨水径流污染物削减率、雨水资源利用率、排水防涝标准；③项目资金使用；④项目公司建设期管理	①可用性服务费；②运营管理服务费
	重庆两江新区水土高新技术产业园建设投资有限公司（政府方）	0.03（3.33%）			运营维护期绩效考核（年次考核+随机抽查考核）	①江河水系整治：年径流总量控制率、生态岸线恢复、年雨水径流污染物削减率等指标；②海绵设施运营管理；③项目满意度；④制度建设：奖惩制度、沟通协调制度、工作优化机制、公众参与制度；⑤项目示范性	
	重庆三色园林建设有限公司（社会资本方）	0.81（90%）					
贵州省贵安新区海绵城市PPP项目	贵州贵安市政园林景观有限公司（政府方）	0.87（20%）	13年（1年建设期+12年运营期）	20.91	可用性考核	①施工质量；②进度；③环境保护；④安全生产	①可用性服务费；②运营管理服务费；③经营性商户租金
	中交第四公路工程局有限公司（社会资本方）	1.04（24%）			日常运营维护考核指标（季次考核+随机抽查考核）	①运维维护管理；②资金使用；③水环境质量；④河道岸线维护；⑤滨水植被保养；⑥雨水利用；⑦水位控制；⑧防洪安全；⑨设施使用安全；⑩水体、道路保洁；⑪绿化、设施维护；⑫维护工程档案管理；⑬社会服务责任与赔偿制度办法等	
	中交第一公路勘察设计研究院有限公司（社会资本方）	1.04（24%）			海绵城市指标考核指标（年次考核）	①年径流总量控制率；②生态岸线自然化率；③地表水环境质量；④城市面源污染控制；⑤雨水资源利用；⑥暴雨内涝灾害防治；⑦防洪排涝设计标准；⑧群众满意度调查	
	重庆两江新区市政景观建设有限公司（社会资本方）	0.70（16%）					
	浙江朱仁民生态艺术投资有限公司（社会资本方）	0.70（16%）					

续表 4-2

项目名称	项目公司构成	注资规模（亿元）	合作期	投资（亿元）	绩效考核指标	回报机制
陕西省西咸新区沣西新城海绵城市核心区建设PPP项目	陕西沣西新城投资发展有限公司（政府方）	2.29（40%）	30年(2年建设期+28年运营期)	9.52	可用性考核（半年次支付）	
	北京碧水源科技股份有限公司（社会资本方）	3.09（54%）			运营维护期绩效考核（年次考核支付随机抽查考核）	①径流总量控制率；②雨水管渠系统排水能力要求；③排涝除险系统应急能力要求；④雨水设施检修与更新；⑤雨水设施景观绿化；⑥雨水设施日常维护；⑦制定管网建设与维护管理计划及执行情况反馈；⑧管网及相关设施日常维护；⑨市政道路日常维护运营；⑩尾水湿地出水水质标准；⑪利益相关者满意度等	①可用性服务费；②运营管理服务费；③污水处理服务费
	河南省交通建设工程有限公司（社会资本方）	0.34(6%)				

2. 海绵城市试点 PPP 项目特点分析

结合调研资料，本次对 12 个第一批海绵试点城市 PPP 项目的建设概况进行的统计分析，虽不足以反映中国整体海绵城市 PPP 项目的建设进展情况，但也具有一定的代表性，总结分析样本项目的异同得到如下特点。

1）打包项目种类多样，打包范围不一

调研的 12 个样本项目中，打包项目既涉及存量项目改造，也包含新建项目实施。建设内容包括但不限于建筑小区、市政道路、公园绿地等地块项目的 LID 设施建设工作，市政管网新建与修复、CSO 调蓄池与雨污分流工程、污水处理厂提标改造与新建、湿地工程建设、河道综合整治、黑臭水体消除、智慧管控平台搭建等涉及绿色、灰色、蓝色多类型基础设施的建设，软件工程与硬件工程同步进行。有以排水分区整体打包的项目包，如镇江、迁安、西咸新区、嘉兴、萍乡、白城等试点城市地区的 PPP 项目，建设面积在 3 ~ 20 km²；也有以单体水系项目打包的案例，如南宁、鹤壁、重庆等，此类项目实施建设面积较小，普遍在 1 ~ 3 km²。

2）运作模式有别于传统 PPP 项目，以合作共赢为核心

传统水务 PPP 项目常采用建设—经营—转让（BOT）或设计—建设—融资—经营（DBFO）的一体化运作模式，这一特征在部分海绵城市 PPP 项目中有所沿用。在本次调研中，大约 80% 的城市采用了由项目公司负责融资、设计、建设、运营的一体化运作模式（图 4-1）。

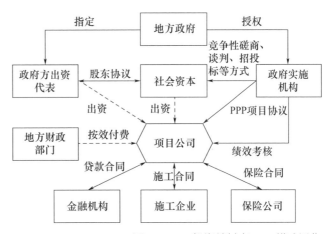

图 4-1　一般海绵城市 PPP 模式运作

在 PPP 模式与海绵城市建设相结合的热潮中，白城、镇江、迁安等城市本着合作共赢的核心理念，积极探索新的海绵城市 PPP 项目运作模式。白城市住建局将新建项目的投资—建设—运营模式和存量项目的委托运营联合整体打包，打破了整体建设运营的传统打包思路 [图 4-2（a）]。镇江市住建局为突出整体性绩效考核，将原本由政府方负责投资建设的项目转交于项目公司负责代建，并负责后续运维 [图 4-2（b）]。迁安市住建局打破了传统一家政府职能部门同社会资本方签订协议的特许经营思路，在整体 PPP 合同约束的前提下，同市水务局、市园林局、开发建设单位等重要海绵城市建设职能部门签订各类服务协议，并由专业的政府职能部门负责监督考核，做到了多部门的融合 [（图 4-2（c）]。这一新型的运作模式同美国马里兰州实施的基于社区伙伴合作的 PPP 模式（Community Based Public-Partnerships，CBPP）类似，只不过马里兰州不仅引入多家政府部门共同协作，还邀请业主委员会、教堂、社会科研机构等共同参与到传统 PPP 项目中来，扩大了合作领域。

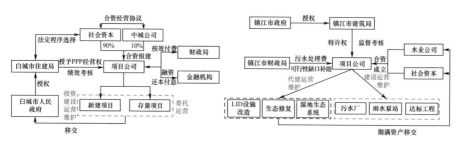

(a) 白城海绵城市PPP项目运作模式　　　(b) 镇江海绵城市PPP项目运作模式

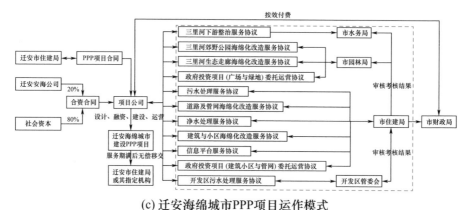

(c) 迁安海绵城市PPP项目运作模式

图 4-2　海绵城市 PPP 模式创新优化

3）考核内容不一，考核方式多样

由项目打包种类不同引起的运维期绩效考核内容不一的问题在此次试点城市调研中表现明显。以池州海绵城市 PPP 项目的 3 个项目包为例，天堂湖工程制定了效果考核与维护考核 2 级的运营期绩效考核指标。效果考核指标包含年径流总量控制率、内涝防治标准、SS 去除率等典型海绵城市考核指标；维护考核指标则关注项目各设施的完整性与功能性、垃圾堵塞情况、植被长势等。对于由另一家项目公司负责实施建设的清溪河工程来说，因建设面积更广，打包内容更多，更加注重项目产出效果的运维期指标考核，确定了海绵城市控制指标、尾水生态处理工程考核、黑臭水体整治工程考核的 3 级水环境效果考核指标。厂网工程项目主要注重污水厂进水、出水水质指标考核，市政管网的维护标准要满足《城镇排水管渠与泵站运行、维护及安全技术规程》（CJJ 68—2016）的维护要求。

各个项目的考核方式也有自己的标准，主要分为年度考核、季度考核、月度考核以及不定期抽检等方式，对于不满足常规考核要求的项目，从严考核，调整为日次考核。

考核内容与考核方式的多样体现了各试点城市因地制宜，对症下药的解决问题的思路，但值得注意的是，考核的目的是通过绩效考核引导、监督、落实项目的建设目标，发现问题，及时纠正以提高公共服务质量与效率。万不可设置不合时宜、不科学、不合理的考核指标，加大考核难度，为了绩效考核而去考核。

4）项目投资巨大，资本杠杆作用明显

海绵城市试点积极吸引社会资本入驻，采用 PPP 模式建设，提高公共产品质量和服务水平的同时，缓解了海绵城市建设巨大的资金压力，据统计，30 个海绵城市试点均采用了 PPP 模式建设部分试点项目，撬动社会资金 380.54 亿元。由统计结果可知，池州、迁安、常德、遂宁 4 座城市 PPP 模式投资超过总投资规模的 50%，81.25% 的第一批试点城市项目的 PPP 模式投资超过 25%（图 4-3）。12 个样本城市项目的资本杠杆作用显著，杠杆比例（政府方注资、社会资本方注资）最高为 9 倍，最低也为 1.2 倍。（图 4-4）

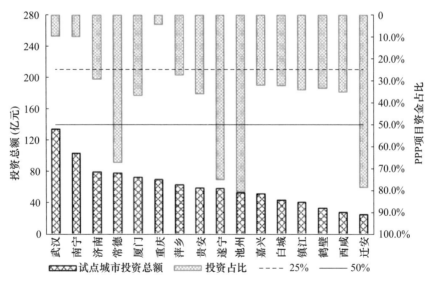

注：厦门、济南、常德、遂宁4个城市数据源于网络整理。

图 4-3　PPP 项目资金在第一批海绵试点城市总投资的占比情况

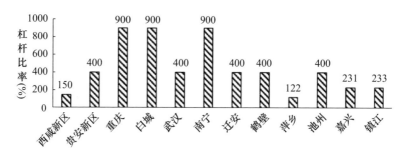

图 4-4　12 个第一批试点城市 PPP 项目的杠杆比率

5）特许经营期时限较长，不同类型项目维护期不一

第一批海绵试点城市已进入运营阶段。经统计，样本项目的 PPP 模式合作期为 10 ~ 30 年不等，平均合作期年限为 15.5 年，其中运营期年限平均为 13.5 年（图 4-5）。特许经营时间的长短与打包内容、投资规模、建设面积等因素有很大关系，需要充分考虑地方的财政承受能力。一般海绵城市项目如海绵化小区改造的运营期为 8 年；而对于传统市政基础设施，如管网、污水处理厂、再生水厂、净水厂等灰色基础设施，其运营维护往往涉及资产转移，存量资产的估价会耗费大量的人力与物力，具有较高的投资成本，故其特许经营时限往往较长，由图 4-5 可以看出打包项目中包含再生水厂或污水处理厂的城市，如嘉兴、西咸新区、迁安等城市其特许经营期时限已超平均水平。

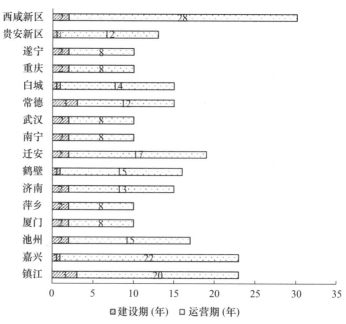

注：厦门、济南、常德、遂宁4个城市数据源于网络整理。

图 4-5　第一批海绵城市 PPP 项目合作期限统计

三、我国 PPP 模式适用范围和可行性

1. 我国 PPP 模式主要特征

国内 PPP 在借鉴国外方法论、经典案例等宝贵经验的基础上，结合国内目前所处阶段以及中国特色等，总的来说具有以下特征：

1）以特许经营方式为主

PPP 在国际上的定义包含外包、特许经营和私有化，由于 PPP 的合作期限长、风险共担、利益共享、到期移交的特点，因此在我国主要是特许经营，即有限期、有限制的合作关系。广义 PPP 是指政府与私营部门为提供公共产品或服务而建立的合作关系，以授予特许经营权为特征，主要包括 BOT、BOO、民间主动融资（PFI）等模式。国务院《关于加强地方政府性债务管理的意见》（国发〔2014〕43 号，以下简称"43 号文"）指出"鼓励社会资本通过特许经营等方式，参与城市基础设施等具有一定收益的公益性事业投资和运营。"财政部在《政府和社会资本合作模式操作指南（修订稿）》（财金〔2014〕113 号）中提到的项目运作主要方式是特许经营类，也包含了外包类中的委托运营和管理合同。

2）以项目公司为载体

国务院发布的"43 号文"中提出"投资者按照市场化原则出资，按约定规则独自或与政府共同成立特定交易机构（Special Purpose Vehicle，SPV）建设和运营合作项目"。财政部提出"对于供水、供气、垃圾处理等可以吸引社会资本参与的公益性项目，要积极推广 PPP 模式，其债务由项目公司按照市场化原则举借和偿还，政府按照事先约定，承担特许经营权给予、财政补贴、合理定价等责任，不承担偿债责任"。可见国内 PPP 项目主要以 SPV 为载体，过去的部分 BT、资产证券化项目也会成立 SPV，然而倾向于壳公司的运作方式，而这一轮 PPP 强化要做实项目公司，因此需要统筹考虑其治理结构、管理效率等公司运作要点。

3）试图让政府部门和社会资本分工明确

国内 PPP 引导时，政府主要在招投标、质量监管、特许经营权授予、价格监督、部分政府付费（含补贴）、融资支持资金（包括股权、债券、担保等形式的支持）、政策风险补偿、不可抗力风险补偿等方面发挥作用，而社会资本则主要在设计、建设、运营、维护、融资等项目执行环节发挥作用。然而，现实中的 PPP 做不到这么理想化

的分工，尤其是我国的资本方很多来自建立了现代法人治理结构的国有控股企业，也是我们俗称的"公公合作"，这种 PPP 模式的可持续性还没有定论。

2. PPP 模式对海绵城市建设的适用性

通常，适用 PPP 模式的项目的特点如下：

（1）从产品、服务数量上看，道路、通信、电力、供水、卫生、路灯等项目的产品和服务数量大，适用 PPP 模式。

（2）从技术复杂性上看，健康、航空、通信、科研等项目需要复杂技术，不太适用；一般而言，技术可靠的项目比较适用 PPP 模式。

（3）从收费的难易程度上看，基于消费的一般性公共服务的收费（如铁路、航空、水路、海运、电力、供水等）比纯公共服务（如国防、社会安全、司法、卫生等）更适用 PPP 模式。一般而言，收费越容易，采用 PPP 模式的成功率越高。

（4）从生产、消费的区域性上看，公交、供水、路灯等项目的区域性较强，非排他性也较强，采用 PPP 模式的可能性较大。

此外，项目所提供产品或服务的产出要求越易明确的（如电厂、水厂、污水处理厂），越易应用 PPP 模式；对于边界特别不明确的项目，应用 PPP 时要特别小心。而海绵城市项目建设具有如下特点：

1）项目类型多、系统性强且边界模糊

海绵城市涵盖了源头径流减排系统、排水管渠系统、超标雨水径流控制系统多个子系统，也涉及流域及河道的综合治理。因此海绵城市 PPP 项目包含了绿色与灰色、地上与地下、源头与末端等不同措施的组合，相互影响、关系复杂。当前，为了解决我国城市棘手的雨水问题，实现海绵城市综合目标，基于当地实际条件和重点问题的系统性解决方案就显得尤为重要，而这也使得海绵城市 PPP 具有项目多、系统性强的特点。不同于边界条件清晰的污水处理厂 PPP 项目，海绵城市涉及的水环境问题多，复杂程度也高，各项目间的边界区分及如何有效打包已成为 PPP 模式必须要考虑的要素。因此，如果企业在策划海绵城市 PPP 项目时，只注重商务而忽略其中的关键技术、系统复杂性和边界条件，就可能导致项目实施和后期绩效考核面临许多风险。

2）项目公益性强，付费手段单一

对于开发地块、市政厂网、园林绿地、水系治理等不同的建设内容，海绵城市建设的投资主体通常各有不同。在源头低影响开发设施应用的主要区域内，既有以政府为投资主体的公共建筑和道路，也有以开发商为主体的住宅小区、商业综合体。对于大量市政管网工程以及公园绿地、道路绿地等开放空间的建设，部分城市是以地方政府或城投公司为投资主体，不过也有开发商被委托承担红线外公共项目建设的案例。而在水系的综合整治项目中，往往需要政府与企业共同参与建设，投资主体更为复杂。不同的投资主体对海绵城市 PPP 项目的投资目标和预期会有所不同，而在此背后，不可否认的是海绵城市建设项目都有一个共同特点，即项目的公益性特征。传统水务行业 PPP 模式主要通过 BOT 项目持有大量水厂、管网等城市"重资产"来融资，采用使用者付费机制，通过在运营期内收取水费产生回报。然而，海绵城市涉及的大部分项目，如老旧小区雨水系统改造、市政雨水系统改造、调蓄设施建设、河道截污及CSO 处理等，均具有明显公益性质，基本不产生经营收益，大多数项目设施无法构成"重资产"以提升企业的融资能力。

3）项目运作模式多样

因各地方政府财政情况、城市基础设施建设和管理系统、PPP 项目的策划各异，故各海绵城市 PPP 项目具有运作模式多样化的特点。如果政府与企业在合作的组织架构和操作模式上不同，就会导致 PPP 项目的股权分配、投资主体、责权关系和绩效考核等重要方面的不同。例如，南宁市那考河段 PPP 项目，由北京排水集团公司与南宁市政府出资代表（南宁市建宁水务投资集团有限公司）共同出资设立 PPP 项目公司，政府与企业的合作期为 12 年，由政府按照设定的绩效考核条件支付流域治理的服务费；镇江市海绵城市 PPP 项目，采用政府与社会资本方共同组建专门的 SPV 公司，通过 SPV 公司完成海绵城市项目的融资、建设与运营工作，其中海绵城市的方案设计由政府委托设计单位完成；迁安市海绵城市 PPP 项目选择将示范区内公共建筑、雨污水排水管网和厂站、末端河道与湿地综合打包，以"设计—融资—建设—运营"全过程的"DBFO 模式"推进海绵城市建设，通过竞争性磋商方式选择社会资本方，以三里河末端水质作为绩效考核依据。

4）利益相关者多，协调关系复杂

不同于轨道交通、保障房建设、自来水厂或污水处理厂等其他领域的 PPP 项目，海绵城市建设和运营阶段同时涉及的业主、监管部门、责任主体等更纷杂。整个项目阶段往往需要财政、市政、城建、环保、水利、园林、城管等多个部门的分工与协调。例如，对于市政管网工程以及公园绿地等公共空间，建设阶段分别需要依靠市政及园林部门牵头实施建设管理工作，运营阶段根据各城市不同的管理体制来确定维护主体。对于建筑小区海绵城市建设或改造，多以开发商或地方政府为投资建设主体，但后期维护管理一般会移交给物业公司，过程中有时也需要 SPV 公司进行协调。毫无疑问，海绵城市建设中多部门之间的协作管理是影响海绵城市 PPP 项目推进、未来实施效果和绩效考核的重要因素和主要困难之一。

从国家 PPP 综合信息平台项目管理库纳入的示范项目类别可以看出，现行 PPP 项目多以交通基础设施、清洁能源、信息基础设施等具有较好经营性和长期收益的项目为主，水务管理领域已经成功采用 PPP 模式的项目主要是边界条件清晰的供水厂或污水处理厂、厂网一体化建设 PPP 项目，传统水务行业 PPP 模式主要通过 BOT 项目持有大量水厂、管网等城市"重资产"用以融资，采用使用者付费机制，通过在运营期内收取稳定水费产生回报。

与此相比，海绵城市涉及的大部分项目，如老旧小区雨水系统改造、市政雨水系统改造、调蓄设施建设、河道截污及 CSO 处理等，均具有明显公益性质，基本不产生经营收益，大多数项目设施无法构成"重资产"以提升企业的融资能力。而且，各项目间的边界区分及如何有效打包已成为 PPP 模式必须要考虑的要素。

从收益模式方面，PPP 模式是通过"使用者付费"及"必要的政府付费"获得合理投资回报。海绵城市 PPP 项目公益性强，且我国并没有建立强制性的雨水排放许可制度和雨水收费制度，目前尚不具备"使用者付费"的条件，因此政府"购买服务"仍然是主要付费方式，新的收益模式和增长点仍有待探索。

3. 我国海绵城市 PPP 项目的可行性

1）国家与地方政府高度重视与支持

海绵城市建设项目本身涵盖的建设内容复杂，涉及城市建筑、市政、园林、交通、水利等多个行业，以 PPP 模式实施，更会涉及到财政部、发改委、国土资源部、税务局等多部门。因此，海绵城市 PPP 项目的推进往往需要较多的协调工作。国家层面发布《关于推进海绵城市建设的指导意见》（国办发〔2015〕75 号）以全面推进海绵城市建设，同时鼓励各试点城市采用 PPP 模式建设海绵城市，对于采用 PPP 模式达到一定比例的城市进行奖补。地方层面，各省、自治区、直辖市也相继发布地方《关于推进海绵城市建设的实施意见》，试点城市更是成立海绵城市建设工作领导小组，在领导小组统一决策，指挥部直接部署下，各地、各部门、各单位各司其职，统筹协调，运转高效，有利于海绵城市 PPP 项目的实施和推进。

2）项目对社会资本具有一定吸引力

项目对社会资本具有一定吸引力。尽管海绵城市项目中非盈利项目居多，但项目公司仍可通过收取污水处理服务费、原水费、景区商户租金、广告费作为项目运作资金，同时地方财政部门也会给予财政补贴弥补运营成本，使项目能够还本付息甚至收回投资并实现合理的收益，具有较稳定的投资价值，对社会资本有一定的吸引力。

3）按效付费机制保障了稳定的现金来源

PPP 模式主要适用于公共服务、基础设施类项目。海绵城市项目通常以公益性项目居多，伴以少量经营性项目。项目本身虽主要为政府购买服务，但有实施机构对项目公司按项目产出要求进行合理的绩效考核，并将满足要求的 PPP 项目纳入省或国家 PPP 项目库，入库项目需将购买服务费用纳入地方年度滚动财政预算，保证项目具有稳定现金流入的能力。因此海绵城市 PPP 项目可以通过引进社会资本增强地方海绵城市建设的持续性，通过 PPP 模式升级城市基础设施运营机制，激发市场活力，进而提高市政基础设施建设运营效率。

第二节
海绵城市 PPP 运营考核及按效付费

一、绩效考核的定义及必要性

绩效考核（Performance Appraisal）的思想最早源于中国古代皇帝对官吏政绩的考核，后多用于企业人力资源管理领域，被定义为"对员工个人在职绩效和行为做出评估的过程"。随着对绩效考核认知的不断加深，人们将其沿用至财务管理、工程管理等领域以提升企业的管理水平，保证工程建设高效、有序地进行，提高经济效益。

在财政部早期发布的 PPP 政策文件中，均强调付费机制需要与绩效评价挂钩，但随着我国对 PPP 模式认识的不断加深，文件中对绩效的理解也相应调整为要求项目建立运营绩效考核机制，项目建设成本也需参与绩效考核。笔者认为绩效评价与绩效考核在本质上都属于绩效管理范畴，但在考核主体、考核对象、导向性、主客观性、实施周期以及关注点等方面却有所区别（表 4-3）。

表 4-3　绩效评价与绩效考核的区别

区别点	绩效评价	绩效考核
考核主体	PPP 项目主管机构与行业主管部门	政府实施机构
考核对象	政府实施机构与社会资本方	社会资本方
导向性	以整体表现为导向，涉及项目评价的诸多方面	以产出结果为导向、以数据评价为手段
主客观性	评估偏主观，以打分项目为主	评估客观，需要量化数据
实施周期	全生命周期评价，考核周期长，频率低	建设期＋运营期的效果考核，考核周期短，频率高
关注点	通过整体评价项目优良程度，关注项目建设模式的未来推广应用	对项目的运营管理成果进行评价考核，关注项目的运营效果

　　绩效评价是在 PPP 项目开展财政承受能力论证和物有所值分析（Value for Money，VFM）的基础上，对项目建设、投资、运营、移交等多个阶段执行情况进行全面绩效评估的过程，是全生命周期的效果与目标达成情况的评价。评价主体多为当地的 PPP 项目主管机构与行业主管单位，评价对象为政府委任的实施机构与社会资本方，评价内容不仅涵盖 PPP 项目方案合理性、流程合规性、项目产出、成本效益、可持续性等多方面内容，同时还包括实施机构监管成效、体制机制的建立情况等。相比 PPP 项目绩效考核，绩效评价的范围更广，内容更复杂。

　　绩效考核是检验 PPP 项目是否达到产出要求、保障项目运营效果的重要手段，是全生命周期绩效评价的一个重要阶段，可视为是一种特殊的项目后评价。英国政府为提高基础设施管理效率，提升运维服务质量，在 PPP 项目合同中明确规定了社会资本在提供资产或服务时需达到相应的预期效果（质量效果与数量效果），并要求尽可能在所需的产出方面而不是投入方面对其性能绩效加以规定。

　　海绵城市 PPP 项目绩效考核是政府实施机构对项目公司建设运营能力及项目效果的检验，是海绵城市建设的重要管控手段之一，合理有效的绩效考核是海绵城市 PPP 项目可持续发展的重要保障。同时在政府购买服务为海绵城市 PPP 项目主要支付模式的大背景下，更加需要制定以绩效为导向的政府付费机制，强调项目在运营期内任意时间点（段）的可用性，而非特定项目周期内的某个时间点（如竣工时）的可用性，按效付费。以迁安海绵城市 PPP 项目为例，PPP 项目包内主要分为经营性项目、非经营性项目以及委托运营项目，其中经营性项目与非经营性项目的可用性服务费年均支付占比分别为 9% 和 72%（图 4-6），此部分支付费用仅以竣工时点考核为主要依据。

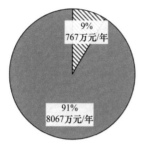
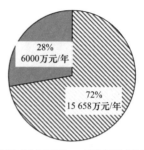

（a）经营性项目支付费用 　　　　　　（b）非经营性项目支付费用

注：经营性项目为污水处理厂提标改造项目、污水厂新建项目、供水厂及水源地新建项目等，非经营项目为建筑小区、公园道路、管网的海绵化改造及河道整治项目等。

图 4-6　迁安海绵城市试点城市不同类型项目支付费用分布情况

推进海绵城市建设具有重大意义，国家鼓励在海绵城市建设中引入 PPP 模式，以加强竞争、实现投资主体多元化。但是，目前海绵城市 PPP 项目普遍没有形成清晰、充足的盈利模式，主要依靠政府购买服务或付费，表 4-4 展示了部分水环境 PPP 项目的付费组成。虽然在实施过程中，政府通常将经营性项目与公益性项目捆绑招商，如捆绑供水厂、污水处理厂等，或开展土地开发收入、停车收费、污水收费等经营性收入，但政府付费仍是大部分海绵城市建设项目的主要收益来源。

表 4-4　部分水环境 PPP 项目付费组成

项目名称	总投资（亿元）	合作期限	政府付费总额（亿元）	可用性付费及占比（亿元，%）	运营维护费用及占比（亿元，%）
某市海绵城市水环境综合治理项目	9	12 年（2 年建设 +10 年运营）	17.5	16.1，94	1.1，6
某市海绵城市 PPP 项目	8.4	10 年（2 年建设 +8 年运营）	11.5	11.25，98	0.25，2
某市生态建设公园 PPP 项目	7.5	10 年（3 年建设期 +7 年运营）	11.6	10.1，91	1.1，9

对第一批全国海绵城市试点城市 PPP 项目进行分析发现，80% 以上的试点城市 PPP 项目的投资超过试点建设总投资的 25%，池州、迁安、常德、遂宁 4 座城市 PPP 模式投资更是超过总投资金额的 50%。如此巨大的投资规模，若不加以相关政策或绩效考核措施的监管把控，社会资本方易受利益驱使而忽视后期项目运维管养，

从而违背 PPP 项目和海绵城市建设的初衷。

二、绩效考核的主要影响因素

耿潇等曾对建设初期的海绵城市 PPP 项目存在的问题进行了探析，总结归纳出项目的整体策划、权责的归属、绩效的评估与考核、风险承担的约定等关键要素均存在诸多不确定性，易导致海绵城市 PPP 模式推进受阻。从海绵城市建设实践经验与各试点海绵城市 PPP 项目的推进情况可知，绩效考核边界与建设边界的对应性、运维费用标准的可预估性和监测结果的准确性是影响海绵城市 PPP 项目绩效考核的关键因素。

1. 绩效考核边界与建设边界的对应性

海绵城市建设是系统化、区域化，而非碎片化、单一化的工程建设，整体建设效果的体现是多层级城市排水系统的综合作用结果，故其效果的考核也需依据系统整体性原则，《海绵城市建设评价标准》（GB/T 51345—2018）明确指出海绵城市建设效果的评价应以城市排水分区或汇水分区为评价单元。对海绵城市 PPP 项目而言，其绩效考核思路也应由具体的项目建设考核转变为区域总体考核，绩效考核边界应限定为城市排水分区边界，以排水分区末端排口为主要考核点位。但在实际工程建设中，由于海绵城市 PPP 项目组合存在复杂性与交叉性，政府部门不能给予社会资本充分的自主性，一个排水分区的绩效考核单元中可能出现多种项目组合的情况，比如 PPP 项目、政府项目、开发商项目共同存在于限定的考核区域中，不同的项目组合、不同的空间分布都会导致 PPP 项目绩效考核边界与建设边界不对应，相关责任的分担无法依据排水分区末端排口的考核效果确定，政府付费无据可依。

目前国内海绵城市 PPP 项目主要以政府发起项目为主，政府实施机构在引入社会资本方开展 PPP 项目之初，要考虑海绵城市效果考核方式的特殊性。由政府主导编制海绵城市系统化方案时，需结合社会资本方的工程管理与施工经验，充分考虑其意见，以整体性打包和以排水分区为单元考核的原则合理选定海绵城市 PPP 项目工程区并以此指导后续 PPP 项目可行性研究报告以及"两评一案"的编制，避免 PPP 项目在排水分区内过度"碎片化"建设。针对 PPP 项目工程区内出现其他责任主体建设项目的情况，政府实施机构需与社会资本方协调磋商，建立基于雨水径流分担的分责考核机制，落实各方责任。

2. 运维费用标准的可预估性

海绵城市 PPP 项目前期运维风险与费用的评估决定了政府或社会资本方是否会在运维期存在相应的债务与管理风险，还会影响到绩效考核的顺利开展。据统计，第一批海绵城市 PPP 项目的合作期平均为 15 年，其中运维期占总项目周期时长的86.7%。由于运维标准与运维经验的缺失，加之 PPP 项目公司尚未完全认识到海绵城市设施运维管理的重要性，一般均直接采用项目可行性研究报告的数据进行运维成本估算。更有甚者，粗放地采用项目建设总投资的百分比估算运营成本，对日常维护、修理、大修等费用支出并未作明确描述，导致不能有效地预估项目周期内的运维管理费用，在整体打包的 PPP 项目区内出现剔除部分项目运维任务的情况。最终此部分项目的维护任务只能由政府部门自行承担，致使 PPP 项目绩效考核边界内出现其他责任主体，不利于考核责任的分担。

针对运维费用标准缺失导致绩效考核无法有效开展的问题，一方面，PPP 社会资本方应在项目设计、施工管理、运营维护等阶段提升实践经验，必要时可组建社会资本方联合体参与 PPP 项目的实施。另一方面，社会资本方在开展项目之初要积极开展市场调研，了解各类雨水控制利用设施的全生命周期及其维护费用，以此为依据计算当年的年均运营维护费用。

$$F = \sum_{i=1}^{n} N_i \frac{A_i}{M_i} \tag{4-1}$$

式中：F——年均运营维护费用（元/年）；

N——雨水控制利用设施数量（m^3 或 m^2 或 m）；

A——雨水控制利用设施预估维护费用（元/m^3 或元/m^2 或元/m）；

M——雨水控制利用设施全生命周期（a）；

i——第 i 类雨水控制利用设施。

美国、加拿大等较早开展城市雨洪管理研究的国家曾总结多年城市雨水资产管理经验，统一定义低影响开发设施的全生命周期为 50 年。加拿大统计得到主要低影响开发设施的全生命周期费用，涵盖设计、建材、运输、设备、人力、废物处置、现场勘探、土地开挖、日常维护、大修等方面的费用成本，为城市雨水设施的建设资金要求提供了依据（表 4-5）。我国可在借鉴他国雨水资产维护管理经验的基础上，总结统计目前国内海绵试点城市源头、中途、末端等各类设施的建设与维护费用，联合市政水务（水利）、园林、道路等行业主管部门及业内主要海绵城市建材生产厂商，编制出台海绵城市维护管理费用指导标准，为海绵城市及其 PPP 项目的财政评估与债务风险规避提供支撑。

表 4-5　加拿大多伦多市主要低影响开发设施全生命周期建设费用统计

设施类型		建设费用（美元）	年均维护费用(美元)	大修费用（美元）	大修年限
生物滞留 （130 m²）	全渗透型	31 973	945	7504	25 年
	半渗透型	41 476	952	7504	25 年
	非渗透型	39 028	952	7504	25 年
透水铺装 （1000 m²）	全渗透型	98 313	433	72 990	30 年
	半渗透型	99 652	436	72 990	30 年
	非渗透型	110 153	436	72 900	30 年
渗渠 （100 m²）	2000 m² 的屋顶服务汇水面积	27 575	74	—	全生命周期内不需大修
	500 m² 的屋顶+1500 m² 的停车场（需建立预处理设施，例如沉沙池）服务汇水面积	45 534	1227	—	全生命周期内不需大修
植草沟 （200 m²）	每 30 m 设置隔离堰	18 582	500	—	全生命周期内不需大修
绿色屋顶 （2000 m²）	简易型（10 cm 生长介质，景天类植物，低层建筑）	231 278	2022	373 628	40 年
	简易型（无防渗膜）	110 060	1854	209 187	40 年
	复杂性（15 cm 生长介质，景天类植物，高层建筑）	472 909	1714	613 542	40 年
	复杂性（无防渗膜）	338 658	1546	436 068	40 年
雨水集蓄设施	混凝土蓄水池（23 000L）	47 237	744	—	全生命周期内不需大修
	塑料雨水箱（23 000L）	40 637	744	5970	40 年

3. 监测结果的准确性

监测可以协助海绵城市 PPP 项目中各利益相关者分清责任边界，为 PPP 项目的绩效考核、按效付费提供量化的数据参考。依据以排水分区为绩效考核单元的原则，监测点位通常布设在排水管网排口上游的关键节点。地下管网监测环境复杂且恶劣，水力和水质状态均不稳定，监测结果的准确性易受到监测设备、管网拓扑结构、管道沉积物淹没、垃圾缠扰、信号干扰、监测数据校正等多方面因素影响，而且短期监测尚不能有效反映海绵城市 PPP 项目年径流总量控制率、年 SS 总量削减率等考核指标的实际效果，不利于绩效考核的有效实施。

为提高监测结果准确性，提升绩效考核的科学性与政府付费机制的公平性，政府实施机构在采纳社会资本方意见的基础上，结合项目工程区内实际情况，以《海绵城市系统化方案》《海绵城市建设评价标准》及《海绵城市 PPP 项目绩效考核办法》等文件为主要依据，制定支撑绩效考核的阶段性与长期性监测方案（图 4-7），及时对监测数据进行校验修正，排除异常与无效数据，必要时对监测方案进行优化调整，确保监测数据真实可靠。针对考核区内存在其他责任主体的情况，需对责任边界交点进行布控监测，监测点位设置，可参考图 4-8。

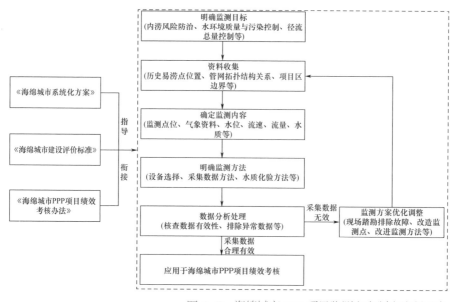

图 4-7　海绵城市 PPP 项目监测方案制定流程示意

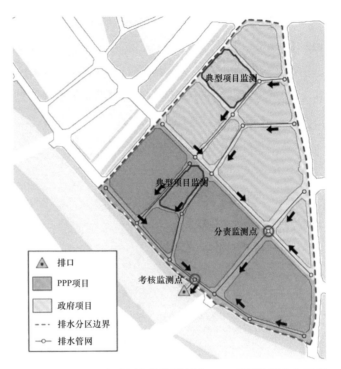

图 4-8 多责任主体海绵城市 PPP 项目监测点位示意

三、按效付费机制

绩效考核的一大核心目的就是指导以政府购买服务为主的海绵城市 PPP 项目按效付费，做到真正的"物有所值"。财政部 2017 年发布的 92 号文规定，对于政府付费项目，需建立与项目产出相挂钩的付费机制，项目建设成本参与绩效考核比例不得低于 30%。针对此项规定，结合本文提出的三级绩效考核制度（图 4-9），对已有的政府付费计算公式进行相应的优化补充（式 4-2）。

$$C=\frac{(1-k)\times M_1\times(1+i_1)\times(1+r)^n}{Y}+\frac{k\times M_1}{Y}\times(1+i_1)\times f_1+M_2\times(1+i_2)\times f_2 \qquad (4\text{-}2)$$

式中：C——当年政府支出费用（元／年）；

k——建设期支付费用挂钩率（%），此挂钩率需根据当地财政情况和国家财政部相关文件确定，不得低于30%；

M_1——海绵城市 PPP 项目建设期成本（元）；

M_2——海绵城市 PPP 项目年度运营期成本（元/年）；

i_1——建设期的合理利润率（%）；

i_2——运营期的合理利润率（%）；

r——年度折现率（%）；

n——折现年数（a）；

Y——政府支付年数（a）；

f_1——可用性绩效考核系数；

f_2——运营绩效考核系数。

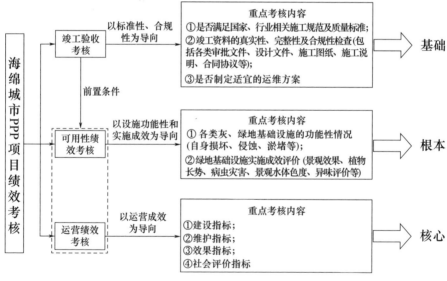

图 4-9 海绵城市 PPP 项目三级绩效考核体系

按照三级绩效考核制度的考核思路，分别从项目建设标准性、设施功能性以及运营成效三个方面进行考核，故付费机制也应因需制定。对于建设期的政府支付金额来说，将部分建设期的支付费用（含合理收益）以竣工验收考核结果为主要依据，通过等额支付方式分摊于全部政府支付周期，对于不满足考核要求的情况，限期整改，整改未果的直接罚款或在付费计算基数中直接扣除。此举有助于督促社会资本方在项目建设期严格把控项目产出，在减轻政府支付压力的同时也保障了社会资本方的基本利益。另一部分建设支付费用需以设施功能性和任意时点的可用性为目标，严格依据可用性考核结果付费，在运营期逐年依据效果支付，不可固化支出。可以考核表打分形式统计考核结果，确定可用性绩效考核系数，如当项目公司可用性考核得分超过优良分数线时，可用性绩效考核系数取 1.0；当低于及格分数线时，考核系数取 0。运营期的绩效考核付费方式以运营实际的量化效果为依据支付，对可渗透地面率、管网疏通率、年径流总量控制率、公众满意度等量化指标逐年考核打分，同样按照考核结果所在分数档位确定运营期的绩效考核系数。地方财政局应将海绵城市 PPP 项目的购买服务费纳入财政预算，并在中长期财政规划中予以统筹考虑。

第三节
北京城市副中心海绵城市建设的 PPP
模式

一、绩效考核主体

绩效考核是 PPP 项目内部系统的考核，而非外部系统对项目整体的评价，考核主体是 PPP 项目实施机构（即政府方代表），考核对象是社会资本方。目前我国的相关法律条文明确了政府部门在绩效考核中的主体地位与考核时效，但在实际工程中由于专业和精力所限，实施机构不能随着项目的深入展开对社会资本方的动态跟踪考核。为提高绩效考核的效率及公平性，发挥市场优势，引入第三方考核机构成为海绵城市 PPP 项目绩效考核的必然趋势。实施机构作为社会资本方的合伙人，了解被考核对象的工作内容、工作要求，且掌握第一手考核资料；第三方机构作为考核评定的专业人员，可利用专业化优势准确全面地动态考核社会资本方，保证公平公正，两者相互协调，相互辅助。社会公众作为海绵城市 PPP 项目的主要享有者，对政府支付行为享有知情与监督的权利，绩效考核结果应向公众公开。综上所述，在微观层面，政府实施机构是海绵城市 PPP 项目的考核主体；在宏观层面，实施机构、第三方机构以及社会公众均参与到绩效考核过程中，政府实施机构为考核的主要评定人，第三方机构为主要执行人，公众为考核结果的监督人。

二、绩效考核指标内容

1. 指标选定的原则

目前国内大多数海绵城市 PPP 模式绩效考核研究尚局限于海绵城市或其 PPP 项目的全生命周期绩效评价，基于住建部早期发布的《海绵城市建设绩效评价与考核办法（试行）》建立不同维度、不同层级、不同阶段的指标体系来评价整体项目的优劣。依据财政部相关文件规定，PPP 项目的绩效考核应限定于建设期和运维期的效果评价，可有效指导政府依效付费、改进优化 PPP 项目公司后续的维护管理工作。

2. 考核内容及标准

海绵城市 PPP 项目的绩效考核应限定于建设期和运维期的效果评价，设施建设的规范性与运维内容的适宜性均会对实际项目的产出效果产生影响，结合海绵城市的主要付费模式，笔者认为应建立竣工验收考核、可用性绩效考核、运营绩效考核相结合的三级绩效考核制度，如图 4-9 所示相应考核内容均需在 PPP 项目合同协议中体现。其中竣工验收考核为可用性考核与运营考核的前置条件，考核项目在竣工时间点的工程质量情况、工程资料完备合规情况以及运维方案合理性等内容，依据考核结果将部分建设成本费用分摊于运营期，逐年支付。支付比例需满足《关于规范政府和社会资本合作（PPP）综合信息平台项目库管理的通知》（财办金〔2017〕92 号，以下简称"92 号文"）文件中的相关要求。可用性绩效考核需强调项目在运营期内任意时间的可用性，应以维护后设施功能性和实施成效为导向进行考核，考核内容以运维方案中的规定维护标准为主，以上两级的考核内容可依据当地竣工验收要求和海绵城市建设运维方案制定选取。

海绵城市 PPP 项目运营绩效考核须包含《海绵城市建设评价标准》的相关要求，

建立排水分区考核与项目考核相结合的考核方式，表4-6给出了建设、维护、效果以及社会评价4类基本考核指标的示例，各地区可依据自身项目特点对考核内容及标准进行优化完善。目前业界对于雨水年径流总量控制率这一关键指标是否考核、如何考核，存在较大疑问。笔者认为如果片区或项目内各类雨水控制利用设施选取适宜、设计规范、按图施工且竖向规划合理，经过一定时间观测，能有效实现体积控制目标，则可不用对年径流总量控制率进行绩效考核。反之，如果项目设施设计施工存在问题或不能判定滞留雨水径流能力（如无法判定纵坡大于横坡的道路生物滞留设施对雨水径流的控制能力），则可通过项目对典型降雨径流控制效果的监测评估，考核年径流总量控制率指标；对于无法归纳典型降雨特征的地区，可利用模型模拟多年的雨水径流控制效果配合监测数据进行统计分析，辅助年径流总量控制率的绩效考核工作。综上所述，年径流总量控制率是否考核，应因地制宜，量力而行，不可过度考核，造成资源浪费。由于我国整体雨水资产管理水平不高，管网内部情况复杂多样，采用监测法、模拟法对片区雨水年径流总量控制率的考核依然具有很大挑战，急需提升雨水资产管理水平和地下管网的监测能力。

表4-6　海绵城市PPP项目运营绩效考核内容（示例）

绩效考核指标	片区绩效考核指标	说明	项目考核指标	说明
建设指标	可渗透地面率（%）	1. 可渗透地面率 = $\dfrac{可渗透地面面积}{考核片区总面积} \times 100\%$； 2. 可渗透地面为除去水域面积外，绿地、透水路面等可供雨水下渗到垫面面积的总和； 3. 新建区可渗透地面率不得低于40%，旧城区不得低于25%	可渗透地面率（%）	1. 可渗透地面率 = $\dfrac{可渗透地面面积}{考核片区总面积} \times 100\%$； 2. 可渗透地面为除去水域面积外，绿地、透水路面等可供雨水下渗到垫面面积的总和； 3. 项目可渗透地面率不得低于70%
	生态岸线率（%）	新、改、扩建城市水体的生态岸线率不宜低于70%（除生产及防洪岸线）	—	—
维护指标	年维护资金到位率（%）	1. PPP项目公司需每年制定维护资金预算； 2. 年维护资金到位率 = $\dfrac{年实际到位资金}{年维护资金预算} \times 100\%$； 3. 资金到位率应为95%以上	—	—
	年维护人员培训情况（人/次）	1. PPP项目公司需每年定期组织维护人员进行技能培训与考核； 2. 根据PPP项目公司人员实际情况制定维护人员培训，每人每年一次	—	—

续表 4-6

绩效考核指标	片区绩效考核指标	说明	项目考核指标	说明
维护指标	—	—	月均设施检查频率（次/月）	4次/月，汛期、雨季应增加检查频率
	—	—	月均设施维护频率（次/月）	1～2次/月，汛期、雨季应增加维护频率
	管网疏通率	1. 采用抽样调查的方式，抽查片区内管网的疏通情况； 2. 管网疏通率 = $\dfrac{\text{疏通达标管网长度}}{\text{抽样样本管网总长度}} \times 100\%$； 3. 管网疏通率不应低于80%，达标管定义为管内沉积物厚度不得高于管网直径的20%	管网疏通率	1. 采用抽样调查的方式，抽查项目内管网的疏通情况； 2. 管网疏通率 = $\dfrac{\text{疏通达标管网长度}}{\text{抽样样本管网总长度}} \times 100\%$； 3. 管网疏通率不应低于90%，达标管定义为管内沉积物厚度不得高于管网直径的20%
效果指标	雨水年径流总量控制率（%）	不低于上位规划所规定的雨水年径流总量控制率限定值	雨水年径流总量控制率（%）	不低于项目方案所规定的雨水年径流总量控制率限定值
	内涝积水点数量（个）	不得出现内涝积水点	积水点数量（个）	不应有积水点
	年均合流制溢流污染溢流频次（次/年）	1. 不低于上位规划所规定的年均溢流频次限定值； 2. 处理设施悬浮物（SS）排放浓度的月平均值不应大于50 mg/L	—	—
	年SS总量削减率（%）（分流制）	不低于上位规划所规定的年SS总量削减率限定值	年SS总量削减率（%）	不低于项目方案所规定的年SS总量削减率限定值
	—	—	径流峰值控制效果	项目外排峰值流量不得超过开建设前或更新改造前原有径流峰值流量

续表 4-6

绩效考核指标	片区绩效考核指标	说明	项目考核指标	说明
效果指标	黑臭水体数量（个）	1. 依据城市黑臭水体污染程度分级标准制定考核指标； 2. 区域内不得出现黑臭水体	—	—
	城市水体水质	1. 不劣于海绵城市建设前的水质； 2. 旱天下游断面水质不劣于上游来水	小区景观水体水质	小区内景观水体水质不得低于景观娱乐用水 C 类水质标准
社会评价指标	公众满意率（%）	1. 公众满意率 = $\dfrac{满意公众人数}{调研总人数} \times 100\%$； 2. 公众满意率不应低于 90%	—	—

三、绩效考核方法

海绵城市 PPP 项目主要采用现场勘验、资料查阅、民意调查、水质水量监测与模型模拟等方法进行绩效考核，多种方法综合使用提高了考核的全面性与准确性。现场勘验与资料查阅是检查项目建设情况和日常维护工作执行情况的手段；民意调查则是通过第三方机构对项目受益公众进行满意度调查来评判 PPP 项目的公共服务质量；水质水量监测与模型模拟往往联合使用、相互校验，用于检验海绵城市 PPP 项目的产出效果指标，是一种准确高效的考核方法。

在实际工程建设中，由于海绵城市项目构成复杂、相关利益主体交织，政府部门不能给予社会资本方充分的自主性，一个独立的排水分区中可能出现多种项目组合的情况。比如 PPP 项目、政府项目、开发商项目共同存在于限定的考核区域中，不同的项目组合、不同的空间分布都会导致 PPP 项目绩效考核边界与建设边界不对应，倘若分区末端排口的考核点不达标，则相关责任无法根据考核效果确定分担，政府付费无据可依，故考核方法需要根据不同情况确定。

1. 责任主体单一考核方法

当 PPP 项目以排水分区为单元进行整体性打包时，绩效考核边界与建设边界一致，此种项目打包分配方式有利于片区的效果监测考核，仅需对排水分区内市政管网的末端排放口或上游关键节点进行监测，并用模型模拟加以校验。对项目而言，仅需对典型项目的末端排放口进行监测，同时配合现场勘验、模型模拟等其他方式综合确定单一项目的实际产出效果。片区与项目的考核权重由政府实施机构同社会资本方协商确定，建议片区考核权重占主导地位。

2. 多责任主体考核方法

当由于改造、建设项目主体存在特殊性，不能将排水分区内所有项目的特许经营权交付于 PPP 项目公司时，绩效考核边界与社会资本方的建设任务边界不一致。对单一项目来说，可直接对项目责任主体进行考核。但对片区考核来说，不同责任主体对单一项目的维护与管理程度均影响片区的产出效果，当片区考核不合格时，则需要制定片区考核效果分责方法，影响考核指标变化的关键因素是径流排放总量的变化，故责任应依据不同项目之间的径流与污染总量的产生量进行分担，目前可以使用的责任分担方法主要有推算法、监测法和模拟法。

（1）推算法是一种基于总量控制的数学估算方法。根据一年中实际场次的降雨资料和项目有效径流体积的计算，通过式 4-3 和式 4-4、式 4-5 可逐一计算出各责任主体项目的总年外排径流量。当片区效果考核指标不达标时，可用年外排径流量的比值确定雨水径流总量控制率，年均合流制溢流污染、溢流频次的责任分担比例。内涝积水点考核指标优先依据在考核区的空间位置确定责任，若积水点位横跨不同责任主体项目区时，依照积水点不同责任主体汇水范围产生的外排径流量比例分担责任。

$$\begin{cases} \varphi \times A \times H_i \times 10^{-3} - V_{有效} \leq 0 \ , Q = 0 \\ \varphi \times A \times H_i \times 10^{-3} - V_{有效} > 0, Q = \sum_{i=1}^{n} \ \ (\varphi \times A \times H_i \times 10^{-3} - V_{有效}) \end{cases} \quad i = 1, 2, 3 \cdots, n \quad （4-3）$$

式中：φ——项目区域综合径流系数；

A——项目汇水面积（m^2）；

H_i——一年中第 i 次降雨量（mm）；

$V_{有效}$——项目的有效径流体积控制规模（m^3）；

Q——项目年外排径流量（m^3）。

$V_{有效}$ 可采用"容积法"，依据雨水年径流总量控制率所对应的设计降雨深度及控制范围，计算得到所需控制的径流体积。以入渗及渗滤设施的径流体积控制规模计算为例：

$$V_{有效}=V_{S}+W_{P} \qquad (4-4)$$

$$W_{P}=KJA_{s}t_{s} \qquad (4-5)$$

式中：V_{s}——设计降雨深度计算得出的调蓄容积（m^{3}）；

W_{P}——设施降雨过程中的入渗量（m^{3}）；

K——表层种植土的饱和渗透系数（m/h），根据土壤类型或土壤介质构成（考虑设施滞蓄空间的设计排空时间）确定；

J——水力坡降，一般取 1；

A_{s}——有效渗透面积（m^{2}）；

t_{s}——降雨过程中的入渗历时（h），为当地多年平均降雨历时，资料缺乏时可取 12 h。

对于年 SS 总量削减率、黑臭水体数量、城市水体水质等效果指标来说，其责任可依据不同项目的污染物排放总量进行分担。根据本地区不同下垫面的降雨径流水质与水量监测数据计算年径流污染物平均浓度 EMC 值和项目年径流污染负荷，通过式 4-6 和式 4-7 确定不同责任主体项目的污染物总量去除率，最终计算得出各类责任主体项目的污染物排放总量。

$$\beta_{j}=\frac{\sum_{i=1}^{n}W_{i}\times\eta_{i}}{\sum_{i=1}^{n}W_{i}} \qquad (4-6)$$

$$\gamma=\frac{\sum_{j=1}^{n}A_{j}\times\varphi_{j}\times\beta_{j}}{\sum_{j=1}^{n}A_{j}\times\varphi_{j}} \qquad (4-7)$$

式中：β_{j}——第 j 个子汇水区对污染物的总量去除率（%）；

W_{i}——第 i 项雨水设施径流控制体积（m^{3}）；

η_{i}——第 i 项雨水设施对污染物的平均去除率（%）；

A_{j}——第 j 个子汇水分区面积（m^{2}）；

φ_{j}——第 j 个子汇水分区综合径流系数；

β_{j}——项目对污染物的总量去除率（%）。

注：污染物平均去除率的污染物种类可根据实际情况选取（SS、COD、氨氮、总磷等）。

（2）监测法是通过对不同责任主体的项目或项目区（包括未改造项目）分别进行径流及其污染物总量监测，从而确定其对排水分区末端排口的总量贡献。监测法受限于排水分区内项目布局和经济性因素，同一责任主体项目的集中程度与管网拓扑关系决定了监测点位的数量，对于监测条件较差的点位可能需要进行监测点改造，从而加大了监测费用的支出，故通过监测法进行责任分担的方法仅限于排水分区内管网拓扑结构清晰，不同责任主体项目分布相对集中且区域间存在明显责任边界交点的情况。

（3）模拟法是对绩效考核区内不同责任主体项目进行排放总量模拟的责任分担方法。此法受限于模型的一致性与精确性。模型模拟相较于监测手段考核成本较低，但模型的搭建需要复杂的基础数据支撑与实时的更新维护，同时需要考核人员具有一定的模型基础，考核要求较高。模拟法适用于具有完善基础数据的绩效考核区。

相较之下，推算法的经济与技术成本最低，考核分责方式简单，对于目前尚未建成完善的监测体系或基础数据缺失的海绵城市试点区具有较强的适用性。

第四节
海绵城市 PPP 项目绩效考核管理体系构建

一、管理机构的设置

　　基于垄断理论，公用事业、基础设施项目存在一定程度的自然垄断性质，可能出现"市场失灵"现象。而 PPP 项目监管、绩效考核与信息公开机制的构建，可有效解决市场失灵、服务效果与绩效不符等问题，因此需要设置专门的监管机构以确保上述机制的有效实行。目前在国家层面，我国借鉴英国、加拿大、澳大利亚等国家的 PPP 项目管理经验，于 2014 年底成立了财政部政府和社会资本合作中心（China Public Private Partnership Center，CPPPC）统一负责政策研究与指导、总体规划；对政府财政风险进行监管；同时构建了 PPP 综合信息平台项目库，促进了市场的公平竞争，提高了政府的监管水平。但由于我国幅员辽阔，各地需求不一且 PPP 项目建设领域广、行业多，单一国家层面的管理机构很难做到全面有效的监管，因此可在地方设立独立的综合性的管理机构，进行本地 PPP 项目的统一管理，如河北、山西、河南、陕西等省份已依托当地的财政系统或发改系统,建立地方性 PPP 管理服务机构,然后在该综合性管理机构下设立各个领域的专业性监管部门。同时有必要制定一系列法律制度,针对监管机构的职能权限、监管内容、监管方法等做出详细的规定,以保障监管的有效性。

对海绵城市 PPP 项目而言,可借鉴试点城市的建设管理经验,将海绵城市建设工作领导小组办公室(简称"海绵办")这一临时机构变为常设机构,由"海绵办"统一对海绵城市 PPP 项目进行监督管理,由于"海绵办"的主要责任单位往往也是PPP 项目的政府方实施机构,能更加高效的参与到海绵城市 PPP 项目全生命周期流程的监督管理中,配合质量监督部门、环保监督部门以及公众监督,形成从国家层面到地方层面,从综合性到专业性,从政府公共部门到基层群众的多层次监督管理体系(图 4-10)。

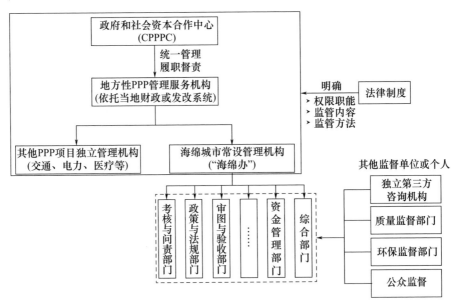

图 4-10　海绵城市 PPP 项目多层级监督管理体系设想

海绵城市常设管理机构的主要监管方式应包含以下几种:

1. 履约管理

常设管理机构下设的考核与问责部门应对项目公司在服务期内的合同履行情况进

行监督管理，定期对项目公司经营情况进行考核评估。

2. 行政监管

管理机构内的审图与验收部门应协调质量、环保等监督部门对海绵城市 PPP 项目在建设过程中的安全生产和环境保护情况进行监督管理，包括可以随时进场监督、检查项目设施的建设、维护状况等。

3. 成本监管

常设管理机构下设的资金管理部门应联合独立的第三方咨询机构（如审计公司、工程项目咨询公司等）对项目公司提交的年度经营成本、管理成本、财务费用等材料进行分析检查，确保资金合法合规使用。

4. 公众监督

社会公众有权对政府实施的海绵城市 PPP 项目进行监督，向有关监管部门投诉或向项目公司提出意见。常设管理机构内的政策与法规部门应联合项目公司按照适用的法律要求，建立公众监督机制，利用政府网站、企业网站、微信公众号、微博等自媒体手段，依法公开披露相关建设信息，接受社会监督。

二、考核方式及考核流程

海绵城市 PPP 项目的特许经营合作期通常为 10 年以上，最长可达 30 年。在如此漫长的合作期内，绩效考核并非仅执行一次或几次，需要根据项目特点制定相应的考核方式和考核流程。海绵城市 PPP 项目绩效考核的主体并非单一个体，其主要评定人为政府实施机构，而实施机构往往是上述海绵城市常设管理机构的重要组成，主要执行人为第三方机构，社会公众作为考核结果的主要监督人，共同形成多方利益相关者共存的考核主体（以下简称"考核主体"），考核主体需针对海绵城市 PPP 项目成立专门的考核工作小组，负责绩效考核工作。

通常海绵城市 PPP 项目考核方式可依据项目包内项目种类和数量分为定期考核、不定期考核、日常巡查等方式。其中定期考核的考核频次可依据考核内容确定，如对于海绵城市 PPP 项目包内的污水处理厂项目，各污水处理厂需依法自行对出水水质进行在线监测，对处理水量进行统计备案，考核所需资料应易得，考核主体可对其进行月度监测考核；对于绿色基础设施或管网的整体功能可用性考核（设施的破损、渗漏情况、景观效果等）可以以季度为单位进行考核；对于片区或项目的效果考核指标（管网疏通率、雨水年径流总量控制率、公众满意度等），需要专业的考核设备或较长的考核周期，则可以年度为单位进行考核。在定期考核前，考核小组需提前告知 PPP 项目公司考核的时间，并要求项目公司提交相应的运营维护报告或资料。

不定期考核和日常巡查的考核频次并非固定，两者考查的内容通常为三级绩效考核制度中涉及的可用性考核内容，为易获取的考核指标，考核耗时短，方便易行。其中不定期考核结果可作为付费的依据，对定期考核结果进行补充，重点可在汛期或雨季前后执行。而日常巡查则以督导整改为主，考核单位对每次的巡查情况进行记录，对发现的问题视情节发放整改通知书，以书面形式向 PPP 项目公司通报巡查情况。

通州海绵城市建设是水环境治理 PPP 项目的一部分，在项目投标阶段，已经具备了较为完善的《通州·北京市副中心海绵城市建设试点实施方案》《通州区两河水网工程项目建议书》《通州区管网调研排查报告》等资料，且由区政府牵头的海绵城市建设管理办公室也已成立，为项目建设的顺利推进提供了保障。实践证明，海绵城市建设也是通州水环境治理项目建设较为完善的项目之一。因此，完善的项目组织实施机构和充足的前期资料，是北京海绵城市建设顺利推进的有效保障。

在海绵城市建设过程中，实施单位要与海绵城市建设管理办公室进行充分沟通，从编制专项海绵城市建设规划到遴选具有较高水平的海绵城市设计单位，是海绵城市建设能够顺利实施的有效保障。

项目建设过程中，项目公司通过"北控南南基金"、股东借款等多种方式进行融资，有效地解决了项目建设的资金问题，保证了项目的顺利实施，也是 PPP 项目建设顺利推进的一个重要因素。

第五节
基于绩效考核原则的海绵城市运行维护模式研究

　　海绵城市提倡"灰绿结合"的建设理念，城市雨水系统由源头径流减排系统、城市排水管渠系统、超标雨水径流控制系统以及水利防洪系统有机衔接，每个系统都是不可替代的重要环节，任何一个系统的建设与维护不到位都会影响到整个城市的雨水管理体系。目前我国重庆、宁波、白城、武汉、嘉兴等地针对低影响开发设施制定了专门的运行维护导则或指南，部分地区还出台了维护管理办法。我国海绵城市雨水设施具有多样性的特点，不仅包含新兴的绿色基础设施，还包括既有的调蓄池、管道等灰色基础设施，维护方法和频次等存在差异性；同时项目之间边界和责任主体的划分也较为复杂，致使维护工作的有效推进存在困难。本节结合国内外城市雨水系统的维护方法和模式，总结了城市雨水系统及其设施的维护要点，建立了国内城市雨水系统维护管理模式，提出了维护过程中关键问题的解决对策，以期为我国城市雨水系统运行维护体系的建立提供借鉴。

一、城市雨水系统运行维护的主要内容

海绵城市提倡"灰绿结合"的建设理念，城市雨水系统由源头径流减排系统、城市排水管渠系统、超标雨水径流控制系统以及水利防洪系统有机衔接，每一个系统都是不可替代的重要环节，任何一个系统的建设与维护不到位会影响到整个城市雨水体系。美国部分地区的雨水管理手册对源头径流减排系统的维护有着明确的要求，并形成了自上而下的法规管理体系。英国维护计划指导手册中明确了可持续排水系统（Sustainable Drainage Systems，简称 SuDS）的维护工作内容并保持定期更新。新西兰奥克兰市政府很早就认识到雨水系统的维护管理与技术研发、规划设计等工作同等重要。

城市雨水系统作为海绵城市建设的核心，其设施不仅包含雨水花园、绿色屋顶等绿色雨水基础设施，还涉及分流制管网、调蓄池等灰色基础设施。因此城市雨水系统中提及的运行维护内容也应是两者的有机融合，地上和地下雨水设施的维护均不可忽视。

1. 源头径流减排系统的维护

源头径流控制系统的技术措施主要以地块内分散、小型的低影响开发雨水设施（LID）为主。设施的性能直接与维护管理水平有关，各单项设施的维护管理总体上包括检查与维护两部分，检查又分为日常巡视检查和定期巡视检查，具体涵盖设施渗透性能、水土侵蚀、垃圾堵塞、淤泥沉积、排空时间、植被状态、警示标识等多个方面，维护工作主要包括日常维修、雨季和汛期维修以及大修，维护标准可依据设施多年运行效果积累的经验以及实验或场地监测数据确定。表 4-7 和表 4-8 总结了 13 类设施的检查和维护要点。

表 4-7 低影响开发雨水系统典型设施的检查要点

类别	日常巡视检查 破损程度	侵蚀情况	沉降塌陷情况	垃圾与沉积物累积情况	覆盖层情况	植被状态	警示标识是否完好	杂草、苔藓、藻类生长情况	定期巡视检查（雨季、汛期前后） 排空时间	蓄水层深度	管路堵塞情况	蓄水容积	渗透性能	出水水质情况	残存雨水量	机电设备运转情况
绿色屋顶	√	√		√		√	√	√	√		√					
透水铺装	√	√	√	√			√	√			√		√			
生物滞留、渗透塘	√	√	√	√	√	√		√	√		√			√	√	
下沉式绿地	√	√	√	√		√		√	√		√			√		
渗井	√	√					√							√		
蓄水池	√	√	√				√			√		√		√	√	√
雨水罐	√		√				√					√			√	√
调节塘（干塘）	√	√	√				√	√	√		√				√	
调节池	√						√				√	√			√	√
植草沟	√	√	√	√		√		√								
渗管（渠）	√			√							√		√			
植被缓冲带	√	√		√		√		√								
人工土壤渗滤	√	√		√				√			√		√	√		

表 4-8 低影响开发雨水系统典型设施的维护要点

类别	日常维护 清理垃圾、沉积物	修复覆盖层	清理表层、面层堵塞颗粒	修复破损组件	水土侵蚀修复	疏通管路	清洁设施内部	修整边坡	清理杂草、修剪植被、常规维护	雨季、汛期维修 降雨过程中疏通进出水口	降雨过程中疏通管路	雨季、汛期前排空设施	冬季前排空设施	雨季、汛期前维修机电设备	大修 面层大面积塌陷修复	更换渗透介质	更换覆盖层	设施主体翻修	底泥疏浚清理	更换设施重要组件	更换植物
绿色屋顶	√			√	√				√	√	√				√		√				√
透水铺装	√		√	√					√	√	√				√		√				
生物滞留、渗透塘	√	√		√	√	√	√	√	√	√	√				√	√	√	√			
下沉式绿地	√			√	√		√	√	√	√	√				√			√			
渗井	√			√		√				√						√		√			
蓄水池	√			√		√	√			√	√	√	√	√				√	√	√	

续表 4-8

类别	日常维护									雨季、汛期维修					大修						
	清理垃圾、沉积物	修复覆盖层	清理表层、面层堵塞颗粒	修复破损组件	水土侵蚀修复	疏通管路	清洁设施内部	修整边坡	清理杂草、修剪植被、常规维护	降雨过程中疏通进出水口	降雨过程中疏通管路	雨季、汛期前排空设施	冬季前排空设施	雨季、汛期前维修机电设备	面层大面积塌陷修复	更换渗透介质	更换覆盖层	设施主体翻修	底泥疏浚清理	更换设施重要组件	更换植物
雨水罐	√		√			√	√	√		√	√	√	√					√			
调节塘（干塘）	√			√	√	√		√	√	√					√	√		√			√
调节池	√		√		√	√				√								√			√
植草沟	√		√		√				√	√								√			√
渗管（渠）	√				√	√												√			√
植被缓冲带	√		√		√				√									√			√
人工土壤渗滤	√		√	√	√				√	√								√			√

2. 排水管渠系统的维护

近五年，我国排水管道的建设长度以年均 6.9% 的速度增长，但管道破损、堵塞、污泥淤积等问题也日益凸显。李海燕等对北京某综合功能区进行管网淤积调研，发现近 80% 的管道存在不同程度的沉积现象。另有研究表明，当沉积物深度占管道直径比达 5% 时，管道排放能力最高可降低约 23%。由此可见，管道淤积对于其排水能力的影响较大，而维护管理工作的不到位是导致管道淤积等问题的重要原因。因此，在老城区内涝积水点整治等相关工作中，应首先检查评估现存管网的主要问题，通过对重点管段的疏通以及修损补漏，可一定程度提升区域现状管网的排水能力。例如，福州大学城排水管网进行专项疏浚、修补、堵漏工作后，排放能力提升约 1.2 倍。此外，由于管渠的维护通常属于有限空间作业，维护人员在维护过程中须配备相应安全防护装备。表 4-9 列出了排水管渠系统的维护要点。

表 4-9　排水管渠系统维护要点

维护方式		维护内容	注意事项
检查	外部巡视	排口是否有污水违规排放；井盖、雨水箅锈蚀或缺损情况；井盖标识是否正确；渠岸护坡、挡土墙、盖板的完整及破损情况；明渠附属设施（护栏、警示牌、里程桩等）完整情况；明渠内及排放口周边堆物、垃圾情况	巡视人员巡视时穿戴安全警示服装
	内部检查	检查井内积泥、垃圾累积情况；采用电视检测、声呐检测等方法检查管内功能状况（管内沉积堵塞、混接、水位、水流等）和结构状况（变形、破裂、渗漏、腐蚀等）	检查人员穿戴安全服，设置警示灯，开启压力检查井时应注意防爆措施
维护	养护	管段的清淤、疏通；检查井和雨水口的垃圾清捞；井盖、检查井防坠设施及雨水箅更换；打捞渠内漂浮物、障碍物；维修修整明渠边坡	维护人员须持证上岗，按要求穿戴安全服装，井下作业前监测有毒有害气体并做通风处理，井下作业时连续气体监测，井上留有专人看守
	修理	依据检查报告，消除管渠缺陷（腐蚀、裂缝、渗漏等），修复管网功能	
	大修	采用充气管塞、机械管塞等方式封堵废除废旧管渠，重新设计并更换废旧管段	

3. 超标雨水径流控制系统及水利防洪系统的维护

超标雨水径流控制系统是由地面或地下调蓄、排放设施组成的蓄排系统，用以应对超过源头径流减排系统和城市排水管渠系统承载能力的降雨导致的城市积水灾害，也称为大排水系统。技术设施包括排涝泵站、末端滞洪池、河道闸门、调蓄隧道、地表径流行泄通道以及城市内河等。超标雨水径流控制系统和水利防洪系统主要解决极端天气或超标暴雨条件下的内涝防治及防洪问题，其检查和维护的要点不同于源头减排系统和排水管渠系统，除常规设施的维护外，更应注重平时的日常巡视以及降雨前、降雨过程中和降雨后的系统调度管控。对于城市水利防洪河道而言，管理维护的重点应是河道蓝线以及洪泛区内违法建筑的清退。表 4-10 总结了城市雨水系统中大排水设施和防洪河道的维护要点。

表 4-10　超标雨水径流控制系统及水利防洪系统维护要点

类别	检查		维护	
	日常检查	定期检查	定期维修	大修
泵站、闸门	检查泵站、闸门等机械设备的损坏腐蚀情况，机电设备的工作状况，管路泄漏，格栅杂物阻塞情况等	雨季或汛期前检查泵站、闸门是否正常运作及其功能性，管路的通畅情况	喷涂防腐材料、润滑剂等，修复各类失效组件，雨季或汛期前疏通管路，清理垃圾杂物，（维护前，需要先监测有毒有害，易爆气体）	更换老旧的泵站机组、闸门
地表径流行泄通道	检查进出口垃圾堵塞、淤泥沉积情况	检查通道损坏、侵蚀情况	雨季或汛期前，疏通清理行泄通道垃圾杂物，修复加固	通道整体翻修

续表 4-10

类别	检查		维护	
	日常检查	定期检查	定期维修	大修
雨水湿地、湿塘、地表滞洪池	检查设施破损、坍塌、组件遗失情况,进出口侵蚀、垃圾淤泥阻塞情况,机电设备工况,植被状况,警示标识等	检查蓄水区域以及管路的堵塞情况	清理垃圾,修复破损组件,修剪植被,雨季或汛期前排空设施调蓄容积,维修机电设备,降雨前后疏通管路与进出口	更换植物,底泥清理,设施主体翻修与加固
地下调蓄池	检查维护进出口完整性及垃圾、漂浮物淤堵情况	雨季或汛期前检查设施是否排空	保障通风排气顺畅,进出口沉积漂浮物清理(维护前,需要先对有毒有害,易爆气体监测)	清掏沉积淤泥,修理、加固,病害整治(漏损、开裂),更换维护除臭设施
河道	检查护坡堤岸侵蚀、行洪区内违规堆放、违规占用及违建情况	雨季或汛期查看河道水位变化	雨季或汛期根据降雨量变化,河道流量及水位变化进行闸门调度	河道淤泥疏浚,边坡修复

二、城市雨水系统运行维护的管理模式

海绵城市建设涉及多个专业,需要各政府职能部门、权属单位的密切配合。由于政府和社会资本合作模式(PPP)在海绵城市建设过程中的应用和 PPP 项目财政支出的上限要求,促成了城市雨水系统出现多种建设模式的发展趋势,与之对应,则需明确相应责任主体对具体项目进行运营、维护、绩效监管、反馈,形成可持续的绩效管理闭环。

目前海绵城市的建设模式主要分为三种:当地政府出资建设、地产商出资建设以及 PPP 模式建设。其中,PPP 模式属于全生命周期管理模式,维护主体职责明确,其余两种常采用传统承包建设模式,工程项目竣工后移交权属单位或业主单位负责维护,但往往由于管理单位存在权责不明、监管盲区、移交机制不完善等问题,导致对海绵城市雨水设施的长期维护管理工作开展不到位。同时海绵城市项目类型多样、系统性强,项目之间边界和责任主体的划分较为复杂,又涉及住建、园林、道路、水利(水务)等多个城市管理部门。以上特点决定了多方维护主体、多种维护管理模式共存是海绵城市后期运行维护的必然发展趋势,结合国外雨水系统维护管理的相关经验以及国内的管理体制,本小节构思并提出了 4 种城市雨水系统运行维护管理模式。

1. 政府建设维护模式

城市公建、道路及管网等海绵城市的公共设施建设项目多为政府相关职能部门出资建设，并由建设部门或其他政府管理部门负责后续的维护管理工作。基于此，负责维护管理的政府管理部门应成立专门的下级维护管理部门或聘请专业公司对项目进行维护管理。同时，政府需组建由非项目管理方组成的考核小组，对运维单位进行维护效果的监管，并以第三方形式对项目受益公众进行民意调查，将考核结果同步反馈至政府及其项目管理部门。项目管理部门针对考核结果调整维护策略，提高维护效率。政府督查部门也应对监管考核小组进行任务督查，防止发生监管不到位的情况，并定期备案反馈至当地人民政府。各部门职责及相互关系详见图 4-11。

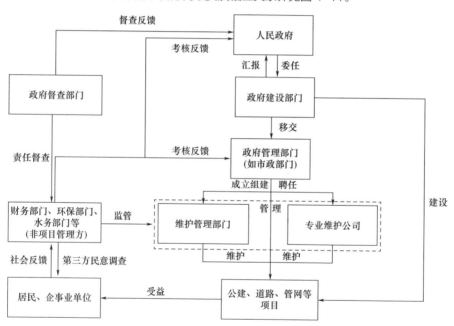

图 4-11　海绵城市政府建设维护模式（建设与维护管理部门不同）单位职责关系

2. 物业公司维护模式

物业公司维护模式主要针对海绵城市建筑小区类建设项目。由建设主管部门负责管理物业公司，公司各部门进行维护职责划分并形成内部考核机制。由于小区内 LID

设施的维护工作不同于传统排水设施，维护作业人员应接受专业技术培训与考核，合格后方可上岗，并建立相应的监管机制。业主缴纳的部分物业费可作为雨水设施的专项维护资金。建设主管部门结合民意调查等手段考核物业公司的维护管理水平，并及时与政府中海绵城市建设的技术主管部门沟通协调。海绵城市技术主管部门负责定期检查各物业公司的运维效果，提供技术指导。政府督查部门对海绵城市技术主管部门与建设主管部门进行责任督查，保证管理与指导责任的落实，具体模式及工作流程如图 4-12 所示。

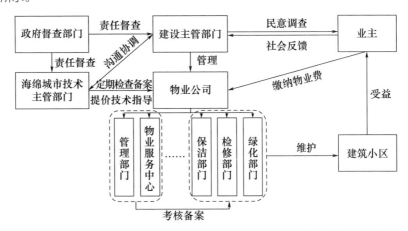

图 4-12　海绵城市物业公司维护模式单位职责关系

3. 项目公司维护模式（PPP）

PPP 模式的初衷是实现政府职能的转变，充分发挥企业的专业能力，提高项目的运营效率。发改委、财政部设定 PPP 项目最长的运行年限可达 30 年，长期稳定、良好的运营维护管理是海绵城市 PPP 项目的重要一环。

在此模式下，人民政府委任某一职能部门与社会资本方合作成立海绵城市建设项目公司，共同建设海绵城市相关工程项目。PPP 公司需成立运维部门，对项目建成后开展相应的维护管理工作，相关人员需接受专业的培训，或将项目运维工作外包给其他专业公司，PPP 公司内部需形成职责明确的考核备案机制。海绵城市技术主管部门对 PPP 公司的运维效果进行绩效考核，并结合民意调查综合评定其运维水平，及时向人民政府反馈考核结果，政府依据考核情况结合 PPP 项目绩效考核办法实施按效付费，若没有达到相应的维护管理要求，则需要在限期整改后再次评估。政府督查部门则对海绵城市技术主管部门的责任落实进行监督。具体模式及工作流程如图 4-13 所示。

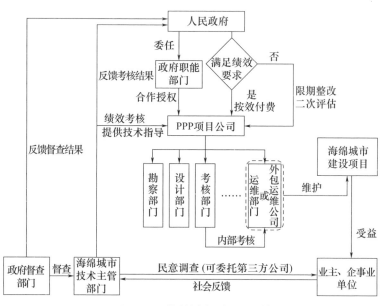

图 4-13　海绵城市项目公司维护模式单位职责关系

4. 业主自治模式

业主自治模式主要针对海绵城市建设中无物业管理的小区改造项目，鼓励业主自行成立业主委员会，自筹资金负责小区内雨水设施的维护管理工作，如日常的设施垃圾清理、植被修剪等。同时坚持"公众自治"与"政府指导"同步的原则，海绵城市技术主管部门负责定期对业主进行技术指导及培训，对于超出业主自身维护能力范围的问题，如管网的清掏与修复，技术主管部门负责配合业主委员会委托专业维护人员进行维护工作，同时政府督查部门负责对主管部门以绩效管理手段进行督查，规范其履行政府职能，使维护管理工作实现从依靠政府维持到"自治共管"的转变。具体模式及工作流程如图 4-14 所示。

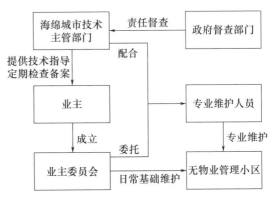

图 4-14　海绵城市业主自治模式单位职责关系

三、运行维护过程中的关键问题

1. 维护主体责任的厘清

对海绵城市建设项目的维护管理应站在其全生命周期角度，涵盖项目设计、施工、验收、移交、运营等各个阶段。由于涉及多方主体及利益相关单位，容易出现责任边界不清的问题，这些问题会影响维护管理工作的开展。笔者初步提出了未来城市雨水系统可持续发展的维护管理责任交付流程。

1）设计阶段

设计人员需编写项目雨水设施的维护方案，明确维护主要内容及维护方法，方案应简易经济、便于操作，并在设计交底会上向施工单位、监理单位及开发商明确提出不同设施的具体维护要求。

2）施工阶段

雨水控制利用技术设施在施工时序上应进行合理统筹，避免施工过程对相关设施造成不利影响。在验收前主要由施工方依据设计阶段提出的维护要求及方案全权负责对各设施的维护管理工作，监理单位负责监督其责任履行情况，将雨水设施的维护水平列入验收考核指标。

3）项目移交阶段

移交需向被移交方提供雨水设施的相关维护材料说明，以帮助其明确维护责任。

对于私人房产项目，开发商须告知物业公司雨水设施的相关信息和维护职责，将设计方提供的维护方案交付于物业。开发商、物业及业主三方需签订维护协议并于建设部门备案。对于公共地产项目，项目所有人将维护方案交付于内部下属的维护管理部门或聘任的维护管理公司，由其负责项目内相关雨水设施的维护管理工作，政府部门负责督查产权单位的履职情况，并对于未尽到维护职责的单位进行处罚。

4）运营阶段

对于部分公共项目来说，政府管理部门持有项目的所有权，故其需承担项目的维护责任，政府直接对接相应管理部门，建立维护效果考核制度。对于实行 PPP 方式建设的项目，PPP 公司负责项目的全生命周期管理，包括项目的维护工作，政府对其维护效果实行绩效考核，实施按效付费制度。对于私人地产项目，则由地产的持有人或经营人负责，譬如业主、物业公司、业主委员会等，政府相关管理部门对其提供技术援助。

2. 一体化运维管理机制

在实际运维管理过程中，公共管理区域内绿地、道路和管网的维护责任主体各不相同（图 4-15），不同维护主体又隶属于不同管理单位，往往存在责任落实盲区，不同维护主体互相推诿的现象。以城市道路为例，国内道路维护责任主体构成复杂，维护内容难免出现重复或缺失，难以实现协调统一。国外部分地区对道路维护责任主体的确立有些许不同的做法，值得我国借鉴，如新西兰奥克兰地区，其道路红线内的所有设施（包括雨水花园、地表径流排放通道等雨水设施）由奥克兰交通局全权负责，交通局再委派给其他维护分单位，政府直接对接交通局。

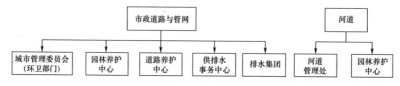

图 4-15　国内道路与河道项目涉及责任单位

基于我国的管理体制，针对公共区域的雨水设施，应在技术上统筹考虑，在管理上分离管理。管理分离并不代表各部门各自为政，而应针对雨水设施的维护管理工作组建有效的管理团队，成立部门联合体，由主要负责单位统一管理其他分管单位，明确维护管理责任，统一目标，提高维护管理水平。成立部门联合体有利于加强分管部门之间的沟通联系，提高维护效率；同时分管单位间相互监督，相互制约，配合绩效考评的方式分配维护资金，避免了权利失衡，主要负责单位可向违反维护要求的个人及单位（如向雨水口倾倒污水）行使行政处罚权利，以此保障城市雨水系统的健康发展。以道路项目的维护管理为例，在不打破原有管理体制的情况下，可建立以城市管理部门为责任单位，排水管网维护部门、道路维护部门、市政环卫部门、园林维护部门等多部门合作的部门联合体（图 4-16）。

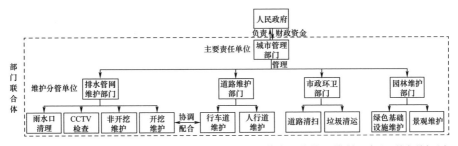

图 4-16　道路一体化运维管理部门联合体设计

3. 分类分级维护

　　城市雨水设施的维护，特别是绿色基础设施的维护往往不需要复杂的工具和维护方法。例如，美国纽约州设立维护层次金字塔体系，强调基层维护人员（第一层级）的定期简易维护是保证绿色基础设施长久使用和功能发挥的关键。我国海绵城市建设中既包含地上设施，也有地下设施，针对不同设施，对应维护工作的重点和所需维护人员的经验也有所不同。譬如地上设施维护内容相对简单，但地下设施由于空间有限往往需要专业人员配以专业设备进行维护。因此，需要采用分类、分级的维护工作方式。笔者提出可将维护人员以三级分类，一级维护人员负责基础维护工作，如移除表层垃圾，修剪植被等；二级维护人员负责有限空间作业和复杂维护工作，如底泥清淤，管网修补等；三级维护人员负责专业设施或设备的维护工作，如对失效设施的处置、机电设备更换等。设施类别以地上、地下两级分类，构建城市雨水系统分类分级的维护体系（表 4-11）。

表 4-11　城市雨水系统分类分级维护体系

设施类别	维护人员工作内容		
	一级：业主、普通市政维护人员、维护公司人员	二级：持有资格认证的市政工作人员、维护公司人员	三级：专业人士
地上设施	移除垃圾、定期修剪等	移除长期积累的沉积物、修复损坏区域、补种植物、清理底泥等	失效设施的处置、更换土壤介质和植被等
地下设施	蓄水池定期冲洗、检查管路通畅情况、雨水口垃圾清理、修复补装井盖、防坠网等	电视检测、清理淤堵、修漏补损、机电及冲洗设施的维护等	修复与加固、机电设备更换等

4. 现代化信息管理

随着海绵城市的建设，大量雨水设施建成后形成大量的城市雨洪资产，信息化管理显得愈发重要。发达国家已有较多雨洪资产信息管理系统构建的案例，如新西兰奥克兰地区利用遥感和地理信息技术将区域内的水道、塘、湿地、雨水处理设施等分公共设施与私人设施标注在"GeoMaps"上供公众和维护管理部门查阅下载（图 4-17）；美国 fulcrum 公司开发供生物滞留设施检修的 App，软件内包含项目信息、设施出入口状态、植物状态等 9 个大项，60 个小项的录入内容，方便维护人员检修备案；美国芝加哥也于 2017 年开始尝试采集绿色基础设施的效能数据并上传到云端供实时下载。国内目前多个海绵城市试点城市也在开展相关探索，例如，安徽池州计划在未来三年依靠信息化技术构建雨水设施资产管理体系；北京计划建设智能管控平台管理试点区雨水资产的同时提高维护效率；陕西西咸新区将海绵城市监测数据接入陕西省大数据中心统一处理分发至各维护管理部门。智慧化、信息化将是未来城市雨洪资产管理发展的重要趋势。

图 4-17　新西兰奥克兰地区雨水信息管理系统界面

通过物联网、云计算、大数据等信息技术手段建设海绵城市信息化管控平台，针对不同用户群体，充分发挥信息化管理在雨水资产管理、项目效果评估、辅助决策、模型搭建与率定、辅助设计、材料优选、洪涝预警、公众告知等方面的作用，指导维护工作高效有序地进行，确保城市雨水系统的可持续发展（图 4-18）。

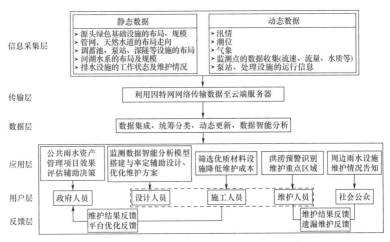

图 4-18　海绵城市信息化管理在维护管理中的作用

本章参考文献

[1] 仇保兴 . 海绵城市（LID）的内涵、途径与展望 [J]. 给水排水，2015，51（03）：1-7.

[2] 车生泉，谢长坤，陈丹，等 . 海绵城市理论与技术发展沿革及构建途径 [J]. 中国园林，2015，（06）：11-15.

[3] Greve H C. Public－Private Partnerships：An International Performance Review[J]. Public Administration Review，2010，67（3）：545-558.

[4] Kernaghan K. Partnership and public administration：conceptual and practical considerations[J]. Canadian Public Administration，1993，36（1）：57-76.

[5] 王守清，刘云 . 公私合作（PPP）和特许经营等相关概念 [J]. 环境界，2014，25（1）：18-25.

［6］孙洁. 采用 PPP 应当注意的几个关键问题 [J]. 地方财政研究, 2014,（09）: 23-25.

［7］赖丹馨, 费方域. 公私合作制（PPP）的效率: 一个综述 [J]. 经济学家, 2010,（07）: 97-104.

［8］李秀辉, 张世英. PPP: 一种新型的项目融资方式 [J]. 中国软科学, 2002,（02）: 52-55.

［9］Eadie R, Millar P, Grant R. PFI/PPP, private sector perspectives of UK transport and healthcare[J]. Built Environment Project and Asset Management, 2013, 3（1）: 89-104.

［10］袁璨, 朱丽军. 全球化视野下的 PPP: 政策、法律和制度框架 [M]. 北京: 中国法制出版社, 2018.

［11］Larsen L. Urban climate and adaptation strategies[J]. Frontiers in Ecology and the Environment, 2015, 13（9）: 486-492.

［12］李西贝. 基于 PPP 模式建设连云港海绵城市的研究 [D]. 大连: 大连海事大学, 2018.

［13］笪可宁, 纪莹, 张仕祺. 海绵城市建设的 PPP 融资模式应用对策研究 [J]. 沈阳建筑大学学报（社会科学版）, 2016, 18（04）: 364-368.

［14］高琳. 中国海绵城市 PPP 项目风险管理研究 [D]. 昆明: 云南财经大学, 2017.

［15］谢云理. 厦门翔安海绵城市 PPP 项目的前期决策研究 [D]. 厦门: 厦门大学, 2017.

［16］欧阳如琳, 程哲, 蔡文婷, 等. 从中美案例经验谈海绵城市 PPP 模式的关键实施要点 [J]. 中国水利, 2016,（21）: 35-40.

［17］李阳, 苏时鹏. 海绵城市建设中的 PPP 机制探讨 [J]. 生态经济, 2018, 34（09）: 116-122.

［18］林丽玲. 厦门海绵城市建设的 PPP 模式探析 [J]. 投资与创业, 2017,（3）: 112-114.

［19］秦颖, 鞠磊, 赵世强. 流域水环境治理 PPP 模式应用研究——以南宁那考河项目为例 [J]. 工程经济, 2016, 26（12）: 26-29.

［20］耿潇, 赵杨, 车伍. 对海绵城市建设 PPP 模式的思考 [J]. 城市发展研究, 2017, 24（01）: 125-129+134.

［21］徐文学, 郑丽云, 李晓慧. Z 市海绵城市 PPP 项目风险分析与对策研究 [J]. 中国集体经济, 2018,（29）: 19-21.

[22] 李莉，孙攸莉．海绵城市建设 PPP 模式风险及管控研究——以嘉兴为例 [J]．浙江工业大学学报（社会科学版），2017，16（02）：183-189.

[23] 蒋雯，沈佳珩，李靠队．基于平衡计分卡的 PPP 项目绩效评价体系研究——以镇江市海绵城市建设项目为例 [J]．中国商论，2017，（25）：152-153.

[24] 黄丽娟，张鹏，雷书华．基于灰色理论的海绵城市 PPP 项目评估分析 [J]．经营与管理，2017，（06）：150-152.

[25] 孙攸莉，陈前虎．海绵城市建设绩效评估体系与方法 [J]．建筑与文化，2018，（01）：154-157.

[26] 马越，甘旭，邓朝显，等．海绵城市考核监测体系涉水核心指标的评价分析方法探讨 [J]．净水技术，2016，35（04）：42-51.

[27] 叶琳．完善海绵城市绩效评价体系初探 [J]．管理观察，2018，（06）：92-93，96.

[28] 满莉，李雨霏．海绵城市生态环境的绩效评价 [J]．城市住宅，2018，25（08）：6-10.

[29] 刘秋常，韩涵，李慧敏，等．基于熵权 TOPSIS 法的海绵城市建设绩效评价——以河南省鹤壁市为例 [J]．人民长江，2017，48（14）：23-26.

[30] 荀志远，吴秋霖，赵资源．基于区间直觉模糊集的海绵城市建设绩效评价研究 [J]．工程管理学报，2018，32（06）：87-91.

[31] 李英攀，刘名强，王芳．基于云模型的海绵城市项目绩效评价研究 [J]．中国园林，2018，34（08）：45-49.

[32] 王泽阳，关天胜，吴连丰．基于效果评价的海绵城市监测体系构建——以厦门海绵城市试点区为例 [J]．给水排水，2018，54（03）：23-27.

[33] 王凯伦．海绵城市评估与运营系统开发 [D]．南京：东南大学，2017.

[34] 康丽娟．上海市海绵城市水环境绩效评价指标研究 [J]．环境科学与管理，2017，42（12）：164-167.

[35] 晏永刚，吴雯丽．国内外典型海绵城市建设投融资制度比较及借鉴 [J]．人民长江，2018，49（14）：77-83.

[36] 王艳华．海绵城市 PPP 项目投融资模式应用探讨 [J]．项目管理技术，2018，16（11）：55-59.

[37] 韩雪娇，苏元舟，张梁. 勘察设计企业在海绵城市 PPP 模式下融资要点研究 [J]. 水电站设计，2017, 33（03）: 74-79.

[38] 梁营科，陈家红，周志广，等 .PPP 海绵城市建设中社会资本激励研究 [J]. 时代经贸，2017,（12）: 43-45.

[39] 满莉，毛依娜. 我国海绵城市建设商业模式研究——基于美、德两国的经验借鉴 [J]. 地方财政研究，2016,（07）: 105-112.

[40] 张伟，车伍. 海绵城市建设内涵与多视角解析 [J]. 水资源保护，2016, 32（06）: 19-26.

[41] 住房和城乡建设部. 海绵城市建设技术指南—低影响开发雨水系统构建（试行）[M]. 北京: 中国建筑工业出版社，2014.

[42] 林新奇. 绩效管理 [M]. 大连: 东北财经大学出版社，2013.

[43] 颜世富. 绩效管理 [M]. 北京: 机械工业出版社，2014.

[44] Yuan J, Zeng A, Skibniewski MJ, et al. Selection of performance objectives and key performance indicators in public‐private partnership projects to achieve value for money[J]. Construction Management and Economics，2009, 27（3）: 253-270.

[45] 陈剑博. 浅谈 PPP 项目绩效评价的现状与发展 [J]. 财政监督，2016,（04）: 53-54.

[46] 赵新博 .PPP 项目绩效评价研究 [D]. 北京: 清华大学，2009.

[47] 薛涛，汤明旺，李曼曼. 涛似连山喷雪来: 薛涛解析中国式环保 PPP[M]. 北京: 中国电力出版社，2018.

[48] Uda M, Seters V, Graham T, et al. Evaluation of Life Cycle Costs for Low Impact Development Stormwater Management Practices，2013.

[49] 中国建设科技集团股份有限公司，中国城镇供水排水协会，北京建筑大学，等. 海绵城市建设评价标准 :GB/T 51345—2018 [S]. 北京: 中国建筑工业出版社，2019.

[50] 宫永伟，刘超，李俊奇，等. 海绵城市建设主要目标的验收考核办法探讨 [J]. 中国给水排水，2015, 31（21）: 114-117.

[51] 李旭晨. 公用企业的治理与运营 [D]. 上海: 上海社会科学院，2009.

[52] 王守清，刘婷 .PPP 项目监管: 国内外经验和政策建议 [J]. 地方财政研究，2014,（09）: 8-12, 25.

[53] 耿潇. 城市雨水基础设施维护运营管理研究 [D]. 北京: 北京建筑大学，2017.

[54] 李海燕, 梅慧瑞, 徐波平 . 北京城市雨水管道中沉积物的状况调查与分析 [J]. 中国给水排水, 2011, 27（06）: 36-39.

[55] Ackers J, Butler D, Leggett D, et al. Designing Sewers to Control Sediment Problems[C]. Specialty Symposium on Urban Drainage Modeling at the World Water and Environmental Resources Congress, 2001.

[56] 池星云 . 城市污水管网系统运行管理工作探讨 [J]. 福建建筑, 2009,（09）: 125-126.

[57] 中华人民共和国住房和城乡建设部 . CJJ68-2016. 城镇排水管渠与泵站运行、维护及安全技术规程 [S]. 北京: 中国建筑工业出版社, 2017.

[58] 丁留谦, 王虹, 李娜, 等 . 美国城市雨污蓄滞深隧的历史沿革及其借鉴意义 [J]. 中国给水排水, 2016, 32（10）: 35-41.

[59] 廖阔彧, 柳畅, 尹奇德 . 城市排水泵站运行维护 [M]. 长沙: 湖南大学出版社, 2014.

[60] 车伍, 张伟 . 海绵城市建设若干问题的理性思考 [J]. 给水排水, 2016, 52（11）: 1-5.

[61] 车伍, Frank Tian, 张雅君, 等 . 奥克兰现代雨洪管理介绍（二）——模拟分析及综合管理 [J]. 给水排水, 2012, 48（08）: 27-36.

第五章

北京城市副中心海绵城市试点区示范项目热岛效应影响研究

第一节
研究概况

一、研究背景

《海绵城市建设绩效评价与考核办法》(以下简称《考核办法》)将城市热岛效应纳入指标体系,要求试点区通过海绵城市建设使得"热岛强度得到缓解。海绵城市中心区域夏季日平均气温不高于同期其他区域的日均气温,或与同区域历史同期相比呈现下降趋势"。也就是通过海绵建设模式推广,使得热岛效应相对于传统建设模式有所缓解,城市开发对局地气温的影响尽可能降低,也就实现了海绵城市建设在热岛缓解方面的意义。

北京城市副中心建设国家级海绵城市试点,以构建"蓝绿交织、清新明亮、水城共融"的生态城市为总体目标背景。本章选取北京城市副中心海绵城市试点区典型工程,研究以软件模拟为主,选取目前世界上主流气候研究软件——ENVI-met 微气候模拟分析软件,建立热岛效应模型,对试点区工程项目的气温时空分布进行模拟。通过对比海绵改造前后的热岛强度变化，研究城市副中心海绵城市建设与热岛效应之间的动态变化关系，进而评估海绵城市热岛缓解的效果。

二、基础资料分析

热岛效应计算主要由热岛强度数值体现。热岛强度为城区温度与其周边非城区的温度差值，用来表征由于城市结构所造成的城市区域温度高于郊区的程度。

热岛强度的相关研究指出，热岛效应的最小影响区域为城区面积的 150%，将北京市主要城建区作为北京市城区，选取相当于主要城建区面积 150% 的周边区域作为边缘区。同时注意选取地势平坦区域，避免北京市周边山区地形起伏对热岛强度计算的影响。

本次研究项目所在地为主要城建区与边缘区交汇处，故采用项目位置温度与北京全市郊区温度作对比得到热岛强度数据的方法较为不准确。因此，本次热岛强度计算范围缩小为通州区内部。

通州区位于北京市东南部，处于海河流域、潮白河和北运河水系。属暖温带大陆季风性气候，多年平均气温 11.65℃，多年平均年光照 2 730 h，年平均风速 2.6m/s，通州城区多年平均年降水量 485 mm。通州境内地势平坦，自西北略向东南倾斜，海拔高程在 8.2 ~ 28.5m 之间，地面坡降 0.3‰ ~ 0.6‰。截至 2014 年年底，全区森林覆盖率为 27.32%，林木绿化率为 31.29%，城区绿化覆盖率为 51.25%。人均公园绿地面积为 23.2 m²。其土质多为潮黄土、两合土、砂壤土，土壤肥沃，质地适中。

通州区由中心区域、宋庄镇、永顺镇、梨园镇、潞城镇、台湖镇、马驹桥镇、张家湾镇、于家务乡、西集镇、漷县镇、永乐店镇组成（图 5-1）。本次研究项目位于通州区中心区域内，计算热岛强度时，郊区温度选取距离北京市中心最远的西集镇、漷县镇、永乐店镇的平均温度进行计算。西集镇、漷县镇和永乐店镇的建筑多为低矮平房，土地利用以农业用地为主，属于典型的乡村地区。此外，通过中国科学院资源环境科学数据中心提供的 2010 年人口分布数据也可以发现，这三个镇的人口密度显著低于通州中心区域，可以作为乡村点代表。本研究报告所选取的示范项目与通州边缘乡镇气温相差约 0.5℃，与城市中心区和郊区的热岛强度对比结果较为一致。同时，由于通州中心区域与西集镇、漷县镇和永乐店镇的海拔高度非常接近，本研究展开分析时无需对两个地点的数据进行海拔矫正。因此，本次研究选取温度点相对科学合理，有一定示范性和参考价值。

图 5-1　通州区行政划分及项目区位

三、研究项目概况

本节所选取的项目包含京贸中心、万隆宾馆、运河家园和运河园小区、运河园西侧绿地，位于北京城市副中心，临近京杭运河，紧邻运河文化广场和奥体公园，集居住、商业、休闲于一体。地块包括 2 栋商业建筑、9 栋住宅建筑，以及西侧绿地，占地约 4.3 hm²。京贸中心绿化率为 0，万隆宾馆绿化率为 1%，运河家园与运河园小区绿化率为 31%，运河园西侧绿地绿化率为 86%。从绿化率看，京贸中心和万隆宾馆地块海绵工程提升空间不够，四个地块彼此相邻，于是将四个地块合为一体进行海绵城市建设。

1. 海绵改造前分析

京贸中心、万隆宾馆、运河家园与运河园小区、运河园西侧绿地海绵改造前下垫面状况如表 5-1 ～表 5-5、图 5-2 所示。

表 5-1　京贸中心下垫面情况分析

下垫面种类	面积（m²）	绿化率（%）
硬屋面	1 018.10	
混凝土路面	1 653.00	0
总计	2 671.10	

表 5-2　万隆宾馆下垫面情况分析

下垫面种类	面积（m²）	绿化率（%）
硬屋面	1 557.60	
混凝土路面	1 229.40	
绿地	36.00	1
总计	2 823.00	

表 5-3　运河家园与运河园小区下垫面情况分析

下垫面种类	面积（m²）	绿化率（%）
硬屋面	10 352.40	
混凝土路面	10 715.40	
绿地	10 351.30	31
停车场	2 205.30	
总计	33 624.40	

表 5-4　运河园西侧下垫面情况分析

下垫面种类	面积（m²）	绿化率（%）
绿地	3 736.70	
步道、园路	599.70	86
总计	4 336.40	

表 5-5　海绵改造前综合径流系数

下垫面种类	面积（m²）	径流系数
硬屋面	13 317.20	0.90
混凝土路面	14 255.40	0.90
停车场	2 205.30	0.60
人行步道、园路	599.70	0.40

续表 5-5

下垫面种类	面积（m²）	径流系数
绿地	14 124.00	0.15
合计	43 454.90	0.65

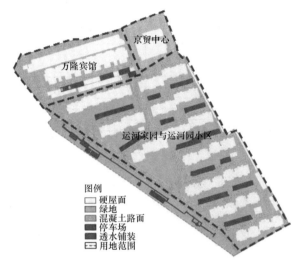

图 5-2　运河园片区下垫面示意

2. 海绵改造后分析

运河园片区实施的海绵措施包括下沉式绿地、生态停车场、植草沟、半透水混凝土路面和雨水蓄水池。海绵设施平面布置见图 5-3。

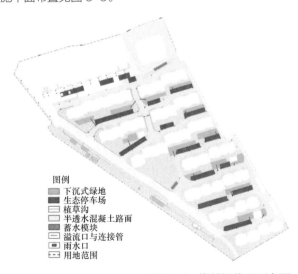

图 5-3　海绵设施平面布置

改造后下垫面类型、综合径流系数及海绵设施规模见表 5-6、表 5-7。

表 5-6　改造后下垫面径流系数

下垫面类型	面积（m²）	径流系数
硬屋面	13 317.20	0.90
下沉式绿地	5 374.80	0.15
植草沟	136.20	0.15
生态停车场	2 205.30	0.40
透水铺装	599.70	0.40
半透水混凝土路面	7 861.00	0.40
普通绿地	8 613.00	0.15
混凝土路面	5 347.70	0.90
总计	43 454.90	0.53

表 5-7　海绵设施规模

方案措施	工程量（m²）
下沉式绿地	5 374.80
半透水混凝土路面	7 503.70
透水铺装	599.70
生态停车场	2 205.30
植草沟	136.20
蓄水模块	102.00

第二节
模型建立

一、ENVI-met 模型分析

本次热岛效应效果采用 ENVI-met 软件进行计算模拟,对城市微气候环境的影响进行分析和评估。ENVI-met 由三维的核心子模型(包括大气、植被及土壤子模型)和一维边界层模型组成(图 5-4)。三维核心区域下部为自由出流,用于模拟真实区域的所有进程,顶部为强迫边界,即一维边界层模型。为确保模拟的准确性,模型首先初始化一维边界模型,确定地面至 2 500 m 的大气边界层,然后将初始值转化为三维核心子模型所需的实际模拟边界条件。

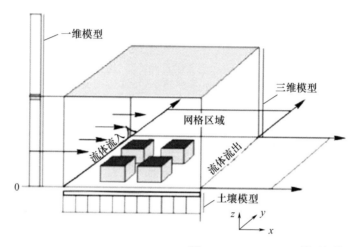

图 5-4　ENVI-met 模型架构

ENVI-met 软件计算式首先调用相应的植被数据库、土壤数据库及源数据库，然后进入建模程序进行建模，设置模拟参数后进入主程序进行计算，最后输出计算结果（图 5-5）。将计算结果导入 LEONARDO（ENVI-met 软件中的图像处理功能）进行数据图像处理，可以得到二维或三维矢量图及某些参数的色块分布图。

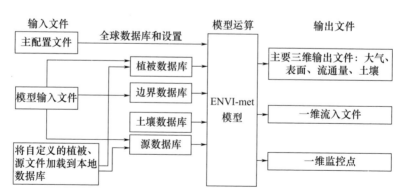

图 5-5　软件数据流程示意

二、数据库设置

本次海绵改造方案主要包括下沉式绿地、半透水混凝土铺装和生态停车场。由于模型数据库中的默认下垫面剖面中只含有沥青路面、混凝土路面、砖路面等，并不含有典型海绵城市设施类型剖面，因此需要对原有数据库内容进行数据新增，以用来模拟相关海绵设施。土壤和剖面是从属关系，在土壤中新建材质后，将新建材质应用于剖面模块内可创建新的下垫面。

1. 下沉式绿地及植草沟

下沉式绿地可广泛应用于小区、道路、绿地、城市广场内。结合住宅区周边绿地地形，设置下沉式绿地，收集屋面及周边路面的雨水。下凹深度应根据植物耐淹性能和土壤渗透性能确定。由于项目中植草沟面积较小且宽度较窄，在模型尺度下并不能精细地体现出来，所以与下沉式绿地采用同种下垫面。下沉式绿地种植土参数如图5-6所示。

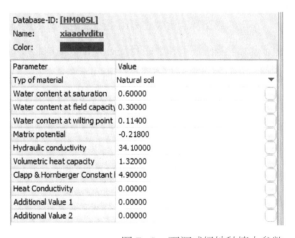

图 5-6　下沉式绿地种植土参数

按照下沉式绿地做法中的土壤分层对下沉式绿地的断面进行重新编辑，断面分层设置如图 5-7，地表至地下 20 cm 设置为水层，20 ~ 50 cm 设置为种植土层，50 cm 以下设置为原土层。

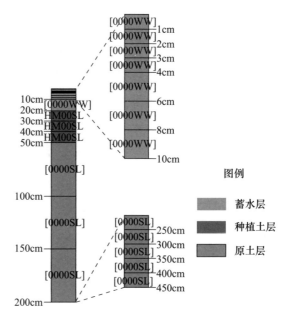

图 5-7　下沉式绿地断面分层设置

2. 透水铺装

　　小区内道路及京贸中心周边空地采用半透水混凝土的透水铺装，半透水混凝土面层（透水混凝土层）参数如图 5-8 所示。根据北京市地方标准《透水混凝土路面技术规程》（DB11/T 775—2010），透水混凝土透水系数应大于或等于 1 mm/s，设置半透水混凝土半刚性材制层的参数，具体参数如图 5-9 所示。

Database-ID: **[HM00BS]**
Name: **toushuihunningtu**
Color:

Parameter	Value
Typ of material	Natural soil
Water content at saturation	0.39500
Water content at field capacity	0.13500
Water content at wilting point	0.00680
Matrix potential	-0.12100
Hydraulic conductivity	1000.00000
Volumetric heat capacity	1.50000
Clapp & Hornberger Constant I	4.05000
Heat Conductivity	1.63000
Additional Value 1	0.00000
Additional Value 2	0.00000

图 5-8　透水混凝土层参数设置

Database-ID: [0000AK]
Name: bangangxing
Color:

Parameter	Value	
Typ of material	Artificial material	▼
Water content at saturation	0.00000	
Water content at field capacity	0.00000	
Water content at wilting point	0.00000	
Matrix potential	0.00000	
Hydraulic conductivity	0.00000	
Volumetric heat capacity	2.21400	
Clapp & Hornberger Constant I	0.00000	
Heat Conductivity	1.16000	
Additional Value 1	0.00000	
Additional Value 2	0.00000	

图 5-9　半刚性材质层参数设置

按照半透水混凝土做法示意图对断面重新进行编辑，地表至地下 20 cm 采用透水混凝土填充，20 ~ 50 cm 采用半刚性材质填充，50 cm 以下采用原土填充（图 5-10 ）。

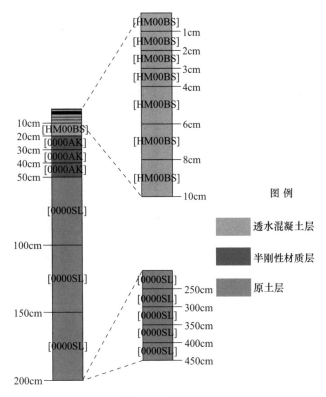

图 5-10　半透水混凝土断面分层设置

3. 生态停车场

本项目停车场被改造成生态停车场，面积为 2 205.3 m²，可补充地下水并具有一定的峰值流量削减和雨水净化作用。生态停车场所用的是透水混凝土植草砖。透水混凝土参数设置采用上述半透水混凝土铺装的透水混凝土层参数，具体透水混凝土植草砖及植草区断面设置如图 5-11、图 5-12 所示。

由于植草砖尺寸过小，模型中无法体现植草砖精度，于是在停车场建模时，按照草和混凝土比例 1 : 2 进行排列（图 5-13）。

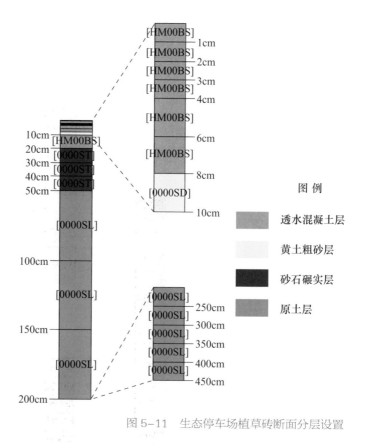

图 5-11　生态停车场植草砖断面分层设置

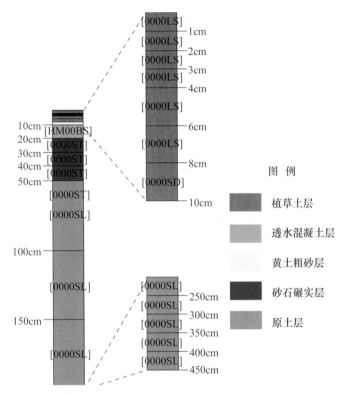

图 5-12 生态停车场植草土断面分层设置

图 5-13 生态停车场下垫面简化排列示意

4. 植物

1）草坪

项目内普通绿地采用如图 5-14 的草坪参数设置。

Database-ID: [0100XX]
Name: Grass 25 cm aver. dense
Color:

Parameter	Value	
Alternative Name	(None)	•••
CO2 Fixation Type	C3	▼
Leaf Type	Gras	▼
Albedo	0.20000	
Transmittance	0.30000	
Plant height	0.25000	
Root Zone Depth	0.20000	
Leaf Area (LAD) Profile	0.30000,0.30000,0.30000,0.30000,0.30000	
Root Area (RAD) Profile	0.10000,0.10000,0.10000,0.10000,0.10000	
Season Profile	1.00000,1.00000,1.00000,1.00000,1.00000	

图 5-14　草坪参数设置

2）灌木补植

海绵改建过程中，对绿地内的灌木进行补植。在建模过程中采用 1 m 高的落叶灌木模型。具体参数如图 5-15 所示。

Database-ID: [HM00H2]
Name: Hedge dense, 1m
Color:

Parameter	Value	
Alternative Name	(None)	•••
CO2 Fixation Type	C3	▼
Leaf Type	Deciduous	▼
Albedo	0.20000	
Transmittance	0.30000	
Plant height	1.00000	
Root Zone Depth	1.00000	
Leaf Area (LAD) Profile	2.50000,2.50000,2.50000,2.50000,2.50000	
Root Area (RAD) Profile	0.10000,0.10000,0.10000,0.10000,0.10000	
Season Profile	1.00000,1.00000,1.00000,1.00000,1.00000	

图 5-15　灌木模型具体参数

3）乔木

海绵改造保持原有乔木不变，具体参数如图 5-16。

Database-ID: [0000T1]
Name: Tree 10 m very dense, leafless base
Color: ▊▊▊▊

Parameter	Value
Alternative Name	(None)
CO2 Fixation Type	C3
Leaf Type	Deciduous
Albedo	0.20000
Transmittance	0.30000
Plant height	10.00000
Root Zone Depth	2.00000
Leaf Area (LAD) Profile	18000,2.18000,2.18000,1.72000,0.00000
Root Area (RAD) Profile	0.10000,0.10000,0.10000,0.10000,0.10000
Season Profile	1.00000,1.00000,1.00000,1.00000,1.00000

图 5-16　乔木模型具体参数

三、模型搭建

从规划设计 CAD 图纸提取模拟区域，测算指北针偏转角度，同时参考遥感图像，用 Photoshop 对图像进行处理及类型转化，生成可为 ENVI-met 软件识别的 BMP 格式底图，进而建立研究区模拟模型（图 5-17）。

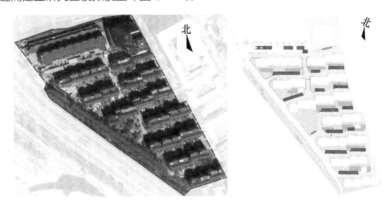

图 5-17　研究区遥感影像及模型底

在使用 ENVI-met 软件的过程中，最重要的一步就是建立模型，网格尺寸的大小、网格的数量都直接影响到计算结果的准确性。

首先进入建模板块，在参数设置界面设置模型所在地区的经纬度、网格尺寸和
网格数量等参数（图 5-18）。研究区域大小为 280 m×368 m，位于 116°40′E、
39°91′N，时区设为 CET/UTC+8。

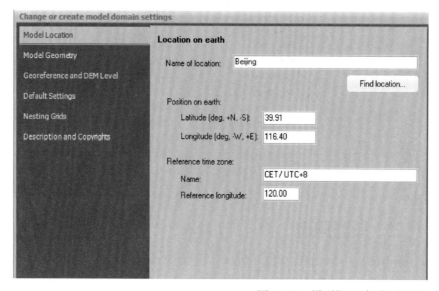

图 5-18　模型位置时区设定界面

如图 5-19 所示，根据 ENVI-met 数值模拟的特点，模型共设置 160×174×80
个网格，网格分辨率为 d_x=2 m、d_y=2 m、d_z=2 m（d_x 和 d_y 分别为水平方向 X 和 Y 的
分辨率，d_z 为垂直方向的 Z 的分辨率）。ENVI-met 软件对三维模型的垂直高度要求为
Z 不小于 2 倍的 ZH_{max}（ZH_{max} 为模拟区内最高建筑高度），即必须确保模型的最大高
度大于或等于模拟区内建筑物高度的 2 倍。本模拟区内最大建筑高度为 72 m，模型高
度为 160 m，符合要求。由于 ENVI-met 建模时采用正方形小方格填充，应尽量确保
建筑为正方位，经过图纸测量，本次模型搭建的指北针角度偏移 16°。

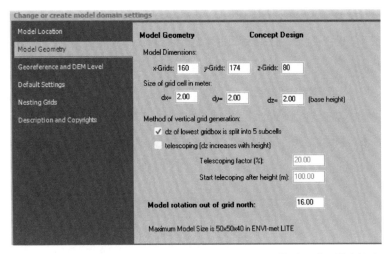

图 5-19　模型尺寸及精度设定

ENVI-met 提供了 4 种垂直网格划分方法，本次研究选取底层细分法，如图 5-20 所示。将最下层网格细划分为 5 个子网格，保证下垫面表面热耦合计算的准确性，每个小格的高度为 0.2ΔZ。温度因素是体现热岛效应的重要数据，气象学上一般指离地 1.5 m 左右的温度数值，它主要是直接受太阳辐射影响，但在不同区域的不同空间格局下，温度也会产生一定差别。因此，本次设定选择将近地表网格细分，以便更方便地选取离地 1.5 m 附近区间温度。

ΔZ
ΔZ
ΔZ
ΔZ
ΔZ
$0.2\Delta Z$
$0.2\Delta Z$
$0.2\Delta Z$
$0.2\Delta Z$
$0.2\Delta Z$

图 5-20　垂直网格结构

考虑到研究区模拟范围较小，在主模型区域外围设置了以混凝土和土壤嵌套的网格，弱化了模型区外界条件对主模型区的影响，保证气象数据在充足的气象边界中进行计算。

一个成熟的住宅小区，必然包括建筑物、下垫面、绿化植物等内容，在建模过程中，按照建筑物、植物、下垫面的顺序建模。这样在对下垫面建模时，会同时显示建筑物、植物的网格，可以避免在同一处网格重复建模的错误。将处理后的 BMP 格式图片导入模型作为底图（图 5-21），按照实际数据进行建模，见图 5-22。

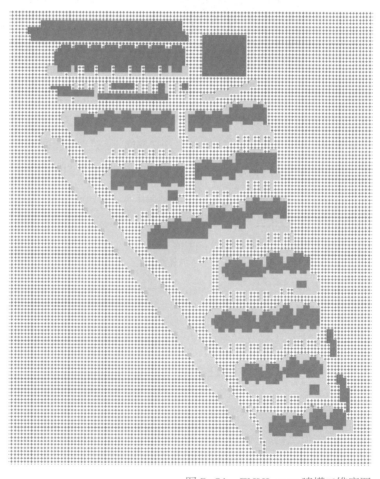

图 5-21　ENVI-met 建模二维底图

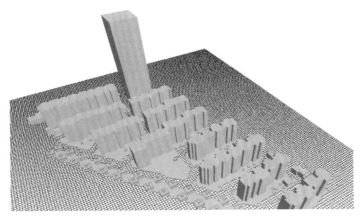

图 5-22　ENVI-met 建模三维视图

四、模拟思路及参数设置

对小气候进行模拟时，不仅需要研究区域内的建筑布局、土地利用情况等下垫面资料，还需要研究风速、气温、湿度等宏观气象数据。由于《中国建筑热环境分析专用气象数据集》所包含的气象数据专门用于建筑热环境分析，能更好地反映室外的小气候特征。所以，本研究以该数据集为基础，选取其中的典型气象年数据作为宏观气象背景数据的来源。

本次研究在一年的四个季节中分别选取典型日进行模拟。基本能够保证覆盖一年四季的温度、湿度、光照等因素特征，可以较为全面地概括一年中海绵城市改造对热岛效应的影响，并对日后不同季节海绵设施对城市微气候的影响研究提供指导。

1. 风速、风向设置

本次研究在四季中每个季节选取一个典型日，四个典型日模拟时间及气象参数见表 5-8，风速、风向数据根据《民用建筑供暖通风与空气调节设计规范》及《中国建筑热环境分析专用气象数据集》中北京地区典型气象年的气象参数统计得出。

表 5-8　模拟时间及风速、风向

模拟日期	模拟起始	模拟终止	风速	风向
3 月 20 日	6：00	24：00	2.4 m/s	东北风 45°

续表 5-8

模拟日期	模拟起始	模拟终止	风速	风向
6 月 21 日	6：00	24：00	3.0 m/s	西南风 225°
9 月 23 日	6：00	24：00	2.4 m/s	东北风 45°
12 月 21 日	6：00	24：00	4.7 m/s	北风 0°

2. 温度、湿度及热辐射设置

温度、湿度及热辐射数据采用 Energy Plus 官网中下载的北京地区 CSWD 气象文件（图 5-23 ~ 图 5-30）。

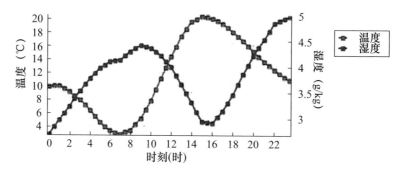

图 5-23　3 月 20 日气温数据

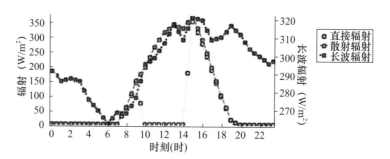

图 5-24　3 月 20 日辐射数据

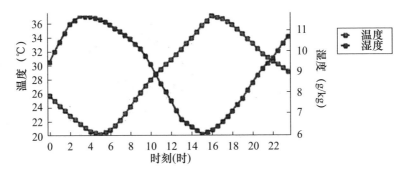

图 5-25　6 月 21 日温度数据

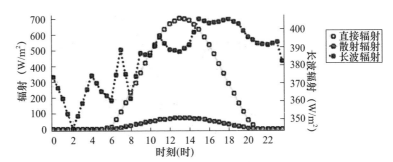

图 5-26　6 月 21 日辐射数据

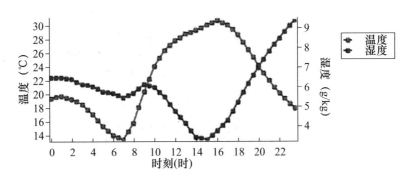

图 5-27　9 月 23 日温度数据

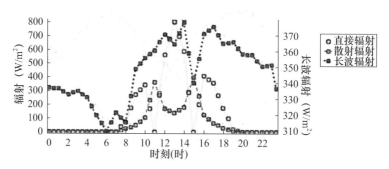

图 5-28　9 月 23 日辐射数据

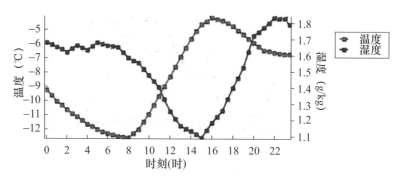

图 5-29　12 月 21 日温度数据

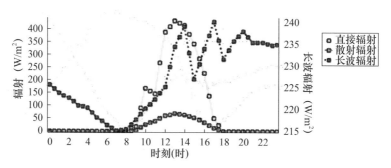

图 5-30　12 月 21 日辐射数据

3. 其他设置

1）最小时间步长

最小步长为使用 full forcing 气象数据时更新数据流入的间隔时间。长间隔时间可以加快模拟运算速度，不过如果间隔过大可能会导致模拟过程不稳定而报错。减少时间步长可以使模型更稳定，不过会给模拟计算增加巨大的运算量。本次研究的时间步长采取经验默认值，设为 50 s。

2）场地粗糙度

场地粗糙度采用系统默认值 0.01。

第三节
模型结果分析

一、模拟概况

本次研究一共含有四个季节海绵城市改造前和改造后的项目共计 8 个，模拟输出文件是一系列关于模拟地区大气环境、建筑、植被、地标材料等 9 个文件夹，每小时生成对应的 EDT 数据结果文件。

热岛效应研究的是大气温度变化，因此选取"大气"（atmosphere）文件夹中的数据进行处理。

本次研究为小区域内的城市小气候，主要由温度、相对湿度、风和日照几个因素综合得出城市小气候下的结果。小气候位于大气下垫面至城市地面以上 1.5m 这段大气中。在这样的近地大气层和近地土壤层的下垫面空间中，囊括了人们的生活、动植物生长、建筑物建造等活动，是一个可接触的区域和空间，与人们生活密切相关。同时在上述定义的空间范围中，城市小气候指标更加容易被人的行为活动、下垫面材料

（植被覆盖率和土壤层性质等）及城市中的建筑密度等因素影响，这些因素也是影响热岛效应的重要因素。因此本次温度数据提取选用更接近 1.5m 的温度数值，选取 $k=3$ 时、$Z=1.4m$ 的数据来进行分析，再通过 Extract 2D 提取二维截面图像。

二、典型日改造前后热岛对比

热岛效应是一个概念性质的描述，具体热岛效应的变化由热岛强度体现。热岛强度计算公式如下：

$$\Delta T = T_{Urban} - T_{Boundry} \quad\quad （5-1）$$

式中：T_{Urban} 为主要城建区地表平均温度，$T_{Boundry}$ 为边缘区的地表平均温度。

由于郊区点的温度为固定值，因此海绵改造前后热岛强度的变化值可以用改造前后的温度差来代替。

热岛强度差值 $=\Delta T - \Delta T' = （T_{Urban 改造前} - T_{Boundry}）-（T_{Urban 改造后} - T_{Boundry}）= T_{Urban 改造前} - T_{Urban 改造后}$

$$（5-2）$$

1. 春季典型日

春季典型日海绵城市改造后温度降低 0.079 ~ 0.114℃（图 5-31）。

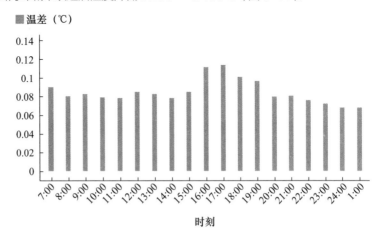

图 5-31　3 月 20 日海绵改造前后温度及温差

2. 夏季典型日

夏季典型日海绵城市改造后温度降低 0.018 ～ 0.121℃（图 5-32）。

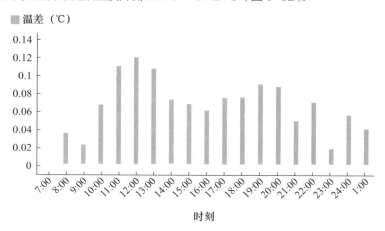

图 5-32　6 月 21 日海绵改造前后温度及温差

3. 秋季典型日

秋季典型日海绵城市改造后温度降低 0.062 ～ 0.103℃（图 5-33）。

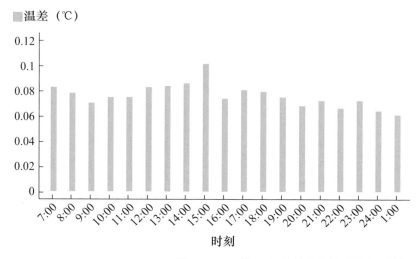

图 5-33　9 月 23 日海绵改造前后温度及温差

4. 冬季典型日

冬季典型日海绵城市改造后温度降低 0.009 ~ 0.064℃（图 5-34）。

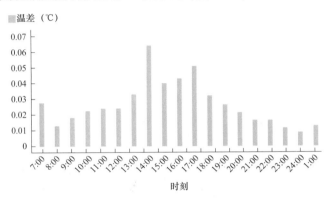

图 5-34　12 月 21 日海绵改造前后温度及温差

5. 小结

通过对比温差图可知：

（1）春季典型日海绵改造前后热岛强度差值最大，海绵改造对热岛效应缓解效果最好，全天的热岛缓解能力都较为突出。

（2）夏季在上午和傍晚的热岛缓解效果突出，在最热的 13：00 —17：00 热岛改善效果反而不明显。

（3）同是过渡季节的秋季也展现出不错的热岛缓解效果。

（4）冬季整体热岛缓解程度都较低，说明在低温环境下，海绵城市的热岛效应缓解效果较不明显。

日出后太阳辐射不断增强，地表获得的热量增多，温度持续上升，地表同时又将部分热量通过长波辐射的形式传导给近地空气，气温升高。近地空气 17：00 时累计吸收的热量达到极值，地表热量达到极值。项目所在地在 17：00 的空气温度分布情况如图 5-35 ~图 5-38 所示。

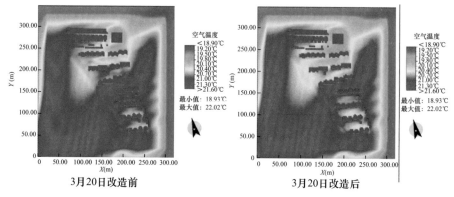

图 5-35　春季典型日 17：00 海绵改造前后温度

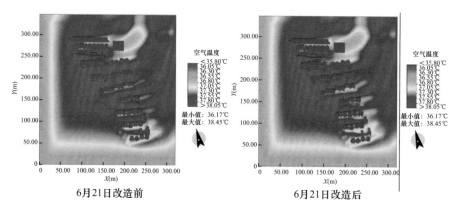

图 5-36　夏季典型日 17：00 海绵改造前后温度

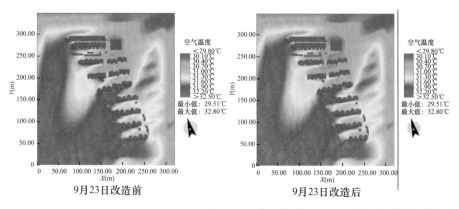

图 5-37　秋季典型日 17：00 海绵改造前后温度

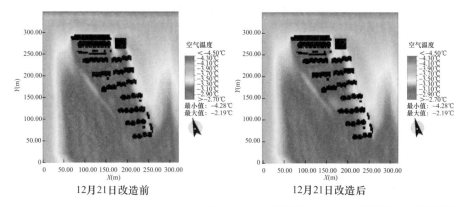

图 5-38　冬季典型日 17：00 海绵改造前后温度

根据上述温度图，本项目内设有海绵设施及绿地的位置温度均较低，对热岛效应有可见的缓解，增加绿地面积可有效降低周边温度。海绵设施及绿化景观能明显改善住宅小区空间温度、湿度，因而提高住宅小区绿化率是改善住宅区空间微气候环境的重要策略，即使在冬季，也能起到降低热岛强度的作用。

三、海绵设施对热岛影响

基于模拟数的微气候环境空间数据表明，海绵改造对过渡季节微气候环境降温的改善作用较好。因此选取春季模型结果，对春季 24 h 中小区内温度变化进行追踪。可以看出，热岛效应缓解最大的时候出现在 17：00。对春季典型日 17：00 的温度图和海绵设施图进行耦合，如图 5-39。

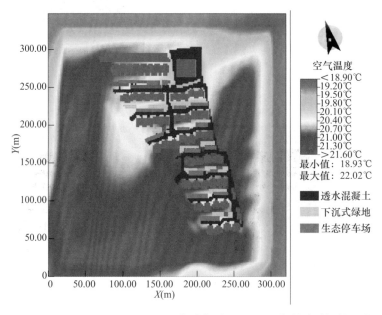

图 5-39　春季典型日 17：00 海绵改造设施温度

可以看出，有绿地及海绵设施的位置温度确实比周边温度略低，海绵城市对缓解热岛效应存在有利的影响。然而，具体的海绵设施对周边温度的影响从图 5-39 中并不能直观看出。因此，选取方案中具体的海绵设施位置为代表，提取近地表温度数据，对比下沉式绿地和普通绿地、透水混凝土及生态停车场和不透水铺装的近地温度。

本次研究针对不同的下垫面提取温度数据，为不同海绵设施对热岛效应影响的研究提供一些理论性的数据支撑。

1. 下沉式绿地

对项目内几处下沉式绿地进行编号（图5-40），并提取下沉式绿地近地表温度与海绵改造前同地点的温度进行对比。

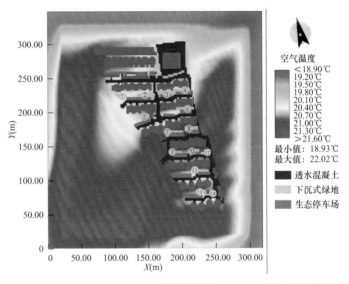

图5-40　春季典型日 17：00 下沉式绿地标点

可知下沉式绿地确实比海绵改造前地表温度略低一些，降温幅度在 0.04 ~ 0.59℃范围内（图5-41）。

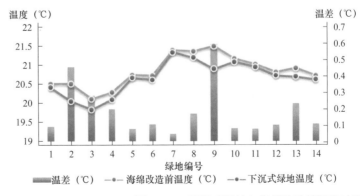

图5-41　下沉式绿地与海绵改造前温度对比

2. 透水铺装

1）生态停车场

对项目内几处生态停车场进行编号（图 5-42），并提取生态停车场近地表温度与海绵改造前同地点的温度进行对比。

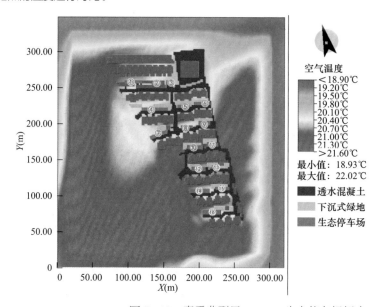

图 5-42　春季典型日 17：00 生态停车场标点

可知大部分观测点的生态停车场温度确实比改造前同位置温度略低一些，降温幅度在 0.104 ~ 0.317℃（图 5-43）。

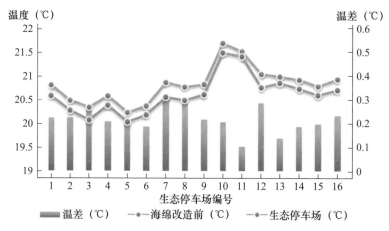

图 5-43　生态停车场与海绵改造前温度对比

2）透水混凝土铺装

对项目内几处典型透水混凝土铺装进行编号（图5-44），并提取透水混凝土近地表温度与海绵改造前同地点的温度进行对比。

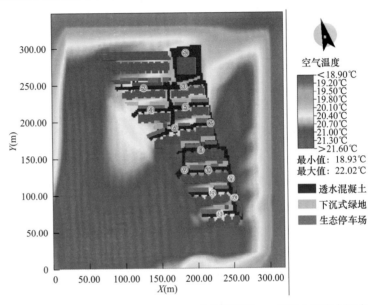

图5-44 春季典型日17点透水混凝土标点

可知大部分观测点的透水混凝土表面温度确实比海绵改造前同位置温度略低一些，降温幅度在0.039~0.337℃（图5-45）。

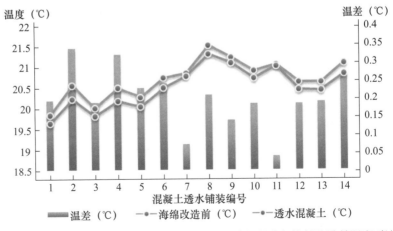

图5-45 透水混凝土与海绵改造前温度对比

3. 小结

通过上述图像及表格分析可知，透水铺装及下沉式绿地的运用可以降低地表上方空气的温度，这与地表热量平衡方程息息相关。地表热平衡是指地表热量散发和获取的相对平衡，实际上是地表太阳净辐射在地面上的转换和再分配过程。净辐射能的一部分通过地面与空气之间的感热和潜热的传递与大气进行交换，另一部分通过土壤热传导与土壤进行热交换。其中的一小部分由植物进行光合作用。太阳净辐射的分配过程可以用以下热平衡方程来表示：

$$Rn = H + LE + F + P \qquad (5\text{-}3)$$

式中：Rn 为净辐射，H 为感热通量，LE 为潜热通量，F 为土壤热通量，P 为光合作用消耗量（可忽略不计）。

白天，随着时间的推移，空气和地面接收来自太阳的辐射热，使空气温度和地面温度逐渐升高。地面温度变化规律整体类似于气温变化规律，温度先增后减，中午达到最大。实际上大气对太阳辐射的直接吸收对空气热量增高的影响非常小。但是，地面直接接收的热量将再以辐射、传导和对流的形式传给空气，这时地表空气中所含热量是地面温度形成的最重要因素。因此，地面温度一般比气温要高。

实际的地面向空气的传热过程是极其复杂的非稳态传热，并且地面温度场分布也不均匀，同时受各种气象因子和其他不可控因素的影响，地表温度的变化规律也会受影响，但大方面不会变。地面在刚开始一段时间受到太阳辐射热后，两者的显热通量都不太大，两种材料并没体现出对地面温度的改善效果。随时间推移，地面持续被加热，非透水材料的显热通量快速增大，开始突出并起主导作用，其他因素成为可忽略的因素。又因为非透水材料的热容量小，吸收率大，反射率小，故传给空气的热量就越多，上方空气被加热后升温幅度就越大。所以在一天中午时间段内，温度最高时，透水材料的温度显著低于非透水材料。同理，下沉式绿地在雨季能够"渗、滞、蓄"更多的雨水，土壤含水率相较周边普通绿地来说更大一些，由于水的比热容比土壤大，以至于升温幅度变小。

一方面，非透水路面的感热通量大，另一方面，从地面热量平衡方程分析，透水路面吸收的净太阳辐射有相当一部分转化成了潜热通量。所以就一般情况下路面与大气间的感热湍流交换而言，透水路面的感热通量比非透水路面小。就潜热而言，由于非透水路面不透水面积大，地面水分滞留时间短，水分蒸发少，因此地面空气供给的潜热通量小。透水路面通透性强，渗透性好，下方土壤可以有效滞留雨水，因此其显热通量少，向地表空气辐射热量少，自然地表温度低。

此外，在日最高温度时，透水砖地面的降温效果相对显著是由于透水层本身与外部空气和底层透水垫相通的多孔结构。太阳辐射热的作用使透水铺装内部和下方地面的水分蒸发，一定程度上降低地表温度和靠近地面上方的空气温度。

第四节
结论

　　热岛效应的研究是一个涉及地理学、生态学和规划学等诸多方面的复杂学科。城市微气候环境与城市规划及人类活动密切相关，优化城市基础设施，建造海绵城市可以有效地改善城市微气候环境。上述针对"十三五"课题中海绵城市建设对热岛效应影响的研究，选择北京城市副中心示范工程中的运河园小区为范例，对住宅小区微气候进行数值模拟，分析了小区进行海绵城市改造前后的热岛效应变化，结果表明海绵城市改造确实对小区域微气候有影响，且有效地改善了热岛效应。

　　从季节尺度来看，春季海绵城市改造对热岛效应缓解效果最好，热岛强度能降低0.079 ~ 0.114℃。冬季海绵城市改造对热岛效应缓解效果最不明显，但即使效果较不明显，平均温度也可以再降低 0.009 ~ 0.064 ℃。从不同下垫面对热岛效应的缓解程度来看，下沉式绿地的热岛缓解效果最佳，其次是生态停车场，最后是半透水混凝土铺装。绿色海绵设施的热岛缓解效果较好，生态停车场为透水混凝土植草砖，植草格中也有植被种植，因此比单纯的透水混凝土铺装的热岛缓解效果要好。海绵城市绿色设施除了可以收集、滞留、慢渗雨水外，由于植物本身的光合作用和蒸腾作用特性，对热岛效应的改善效果会更好。

在日后的海绵城市建设过程中，在建设的同时可以增设热岛监测站点，进行热岛效应监测分析研究和热岛效应评估等工作。开展基于气象站点及卫星遥感数据的主城区热岛分析研究，揭示热岛现状、时空分布特征，分析影响热岛效应的因素，为海绵城市建设给出调控建议。

本章参考文献

[1] 林炳怀，杨大文. 北京城市热岛效应的数值试验研究 [J]. 水科学进展，2007，18（002）：258-263.

[2] 初子莹，任国玉. 北京地区城市热岛强度变化对区域温度序列的影响 [J]. 气象学报，2005（04）：152-158.

[3] 宋艳玲，张尚印. 北京市近 40 年城市热岛效应研究 [J]. 中国生态农业学报，2003（04）：131-134.

[4] 胡江，姚勇，何燕玲，等. 透水混凝土整体路面减缓热岛效应试验研究 [J]. 绿色建筑，2017，000（001）：P.69-72.

[5] 查良松，王莹莹. 一种城市热岛强度的计算方法——以合肥市为例 [J]. 科学导论，2009，27（20）：76-79.

[6] 史军，梁萍，万齐林，等. 城市气候效应研究进展 [J]. 热带气象学报，2011，27（6）：942-951.

[7] 白杨，王晓云，姜海梅，等. 城市热岛效应研究进展 [C]// 第 28 届中国气象学会年会. 厦门：【出版者不详】，2011.

[8] 彭少麟，周凯，叶有华，等. 城市热岛效应研究进展 [J]. 生态环境，2005，14（004）：574-579.

[9] 杨恒亮，李婧，陈浩. 城市热岛效应监测方法研究现状与发展趋势 [J]. 绿色建筑，2016（6）：38-40.

［10］肖荣波，欧阳志云，张兆明，等．城市热岛效应监测方法研究进展 [J]. 气象，2005，31
　　　（11）：3-6.

［11］何正强．兰州的城市热岛效应研究现状 [J]. 甘肃科技，2016，32（009）：23-28.

［12］李延明，郭佳．北京城市热岛效应时空变化特征及缓解措施研究 [C]// 2010 北京园林绿化新
　　　起点．北京：中国林业出版社．

［13］刘施含，曹银贵，贾颜卉，等．城市热岛效应研究进展 [J]. 安徽农学通报，2019，025
　　　（023）：117-121.

［14］井超．北京市热岛效应现状及绿地对缓解热岛效应影响因子研究 [D]. 北京：北京农学院，
　　　2019.

［15］黄金海．杭州市热岛效应与植被覆盖关系的研究 [D]. 浙江大学，2006.

［16］肖雪，贺秋华．衡阳市热岛效应时空变化及其成因分析 [J]. 环境保护与循环经济，2019，
　　　39（12）：58-63+75.

［17］郭雪莹．基于实地监测与 ENVI-met 气候模拟的北京市绿色屋顶热环境特征研究 [D]. 北京：
　　　中国地质大学，2019.

［18］车俊毅．基于遥感技术的济南市城市热岛效应特征研究 [D]. 南昌：南昌航空大学，2019.

［19］岳攀．基于 RS 的北京市海淀区城市热岛效应及驱动力研究 [D]. 北京：北京林业大学，
　　　2017.

［20］茅炜桯．夏热冬冷地区城市绿地"冷岛效应"数值模拟研究 [D]. 合肥：合肥林业大学，
　　　2019.

［21］王靓，孟庆岩，吴俊，等．2005-2014 年北京市主要城建区热岛强度时空格局分析 [J]. 地
　　　球信息科学学报，2015，17（9）．

［22］李洋，郭祎，梁倩静，等．ENVI-met 软件模拟可行性验证——以洛阳市广州市场为例 [J].
　　　城市建筑，2019，16（008）：11-13.

［23］黄群芳，陆玉麒．北京地区城市热岛强度长期变化特征及气候学影响机制 [J]. 地理科学，
　　　2018，38（10）：715-1723.

［24］马舰，陈丹．城市微气候仿真软件 ENVI-met 的应用 [J]. 绿色建筑，2013（5）：56-58.

［25］林满，王宝民，刘辉志．广州典型小区微气候特征观测与数值模拟研究 [J]. 中山大学学报

（自然科学版），2015，54（1）：124-129.

［26］娄佳培，贾国宇，邱文康，等.海绵城市对缓解城市热岛效应的效能测试分析［J］.中国科技论文在线精品论文，2018，11（24）：2442-2449.

［27］朱玲，由阳，程鹏飞，等.海绵建设模式对城市热岛缓解效果研究［J］.给水排水，2018，044（001）：65-69.

［28］秦文翠，胡聃，李元征，等.基于ENVI-met的北京典型住宅区微气候数值模拟分析［J］.气象与环境学报，2015，31（3）：56-62.

［29］戴菲，毕世波，郭晓华.基于ENVI-met的道路绿地微气候效应模拟与分析研究［J］.城市建筑，2018，302（33）：65-70.

［30］张常旺，孟飞，于琦人.基于ENVI-met的校园热环境数值模拟研究［J］.山东建筑大学学报，2018（03）：50-55.

［31］孙欣，杨俊宴，温珊珊.基于ENVI-met模拟的城市中心区空间形态与热环境研究——以南京新街口为例［C］//2016中国城市规划年会.沈阳：【出版者不详】，2016.

［32］祝善友，高牧原，陈亭，等.2017.基于ENVI-met模式的城市近地表气温模拟与分析——以南京市部分区域为例［J］.气候与环境研究，22（4）：499-507.

［33］黄丽蒂，王昊，武艺萌.基于ENVI-met模式的某高校教学区室外微气候模拟与分析［J］.节能，2018，37（10）：12-18.

［34］卢薪升，杨鑫.基于ENVI-met软件小气候模拟与热舒适度体验的城市更新研究——以北京石景山北辛安地区为例［J］.城市发展研究，2018，25（04）：153-158.

［35］杨鑫，卢薪升.基于ENVI-met软件与热舒适度模拟的城市绿地景观规划方法——以北京市石景山区北辛安地区为例［J］.北方工业大学学报，2018，30（02）：126-134.

［36］刘增超，李佳科，蒋丹烈.基于URI指数的海绵城市热岛效应评价方法构建与应用［J］.水资源与水工程学报，2018（29）：53-58.

［37］杨鑫，贺爽，卢薪升.基于软件模拟的北京老城区公共空间热舒适度评测研究——以白塔寺片区6条胡同为例［J］.城市建筑，2018（2）：51-56.

［38］许莹莹，臧海洋，张佳魁，等.绿化形式与微气候的关联性研究——以河南科技大学公教组团为例［J］.现代园艺，2019（22）：181-182.

［39］陈宇，李骄娴，宋双双，等．南京市屋顶绿化室外热环境研究[J]．中国城市林业，2017（3）：
44-48．

［40］王燕，尹君，朱晓燕，等．气象在海绵城市建设中的作用研究[J]．环境与可持续发展，2017
（06）：98-100．

［41］章莉，詹庆明，蓝玉良．武汉市居住用地绿地降温效应研究[J]．中国园林，2018，34（04）：
52-58．

［42］赵会兵，张玲飞．许昌市多层住宅区夏季小气候模拟与分析[J]．河南科技，2019，000
（014）：105-108．

［43］詹慧娟，解潍嘉，孙浩，等．应用 ENVI-met 模型模拟三维植被场景温度分布[J]．北京林业
大学学报，2014（36）：64-74．

第六章

北京城市副中心海绵城市试点区建筑与小区生物滞留设施植物群落景观评价

第一节
研究概况

一、研究背景

海绵城市作为一种新型城市水环境规划理念，旨在使用不同的低影响开发（LID）设施，实现资源与环境的协调发展。LID 设施主要功能是通过削减洪峰流量与径流量，延迟峰现时间等，在源头上对雨水进行处理，从而降低城市开发对自然水文循环系统的影响。低影响开发技术在建筑与小区等城市空间具有很强的实际应用效果，不仅处理源头雨水径流，而且注重一定景观性而受到推崇。生物滞留技术作为最有效的 LID 技术之一，应用植物、微生物与土壤等复合属性，达到净化雨水和补充地下水的目的。植物是生物滞留设施的重要组成部分，主要发挥雨水集蓄和生态景观展示的功能。在生物滞留结构中，植物生长可以改良土壤结构、吸收营养物质、影响根际微生物与理化特征。目前，国内外对于生物滞留设施的研究大多停留在其结构、蓄滞水量、污染削减等方面，对植物选择配置、生态功能的研究相对较少。已有研究表明，雨水花园和生物滞留设施中植物对污染物去除效果与植物生长速度、生物量、根系发达程度具有正相关性。因此对植物群落结构、景观效果、雨水管理等功能进行综合评估，是生物滞留设施植物景观研究的热点问题。

生物滞留设施中植被层提供观赏价值和景观生态价值，同时具有截留雨水，降低地表径流流速和径流峰值，促进土壤渗透以及削减径流中的污染物等多种功能。目前，通过植物的种类、应用频度、观赏特性、植物配置情况进行低影响开发设施植物应用现状的研究较多，但从生物多样性角度评价生物滞留设施景观效果的研究相对较少。而在气候条件、基质条件等多种因素影响下，植被对生物滞留设施调控过程的影响十分复杂，生物滞留设施的径流调控功能主要通过滞留雨水来实现，植被层截留雨水和基质层蓄滞作用是雨水滞留能力的重要组成部分。植被群落生物多样性、生物量和覆盖度等特征决定了生物滞留设施植被层的雨水截留能力，因而也会影响径流调控效益。

随着国家 30 个海绵城市建设试点的推进，各试点区对于植物的应用和配置还处于摸索和总结期，未针对植物选择与配置考虑效果与实践的应用情况。为探讨北京城市副中心海绵城市试点区中生物滞留设施在植物选择方面的适宜性与运行效果，结合通州地区降雨径流特征、土壤和植物特点，本章以北京城市副中心海绵城市试点区为例，通过构建植物群落景观评价模型，结合生物滞留设施植物样本调查监测，对试点工程中 15 个典型生物滞留设施植物群落进行评价，以期为建筑与小区中选择及优化生物滞留设施植物材料及配置提供参考依据。

二、研究区概况

北京城市副中心海绵城市试点区位于北京城市副中心两河片区，西南起北运河，北到运潮减河，东至规划春宜路，总面积 19.36 km²。通州区地处永定河、潮白河冲积洪积平原，地势平坦。根据地勘测量，表层土质以粉质黏土为主，向下依次为细砂、中砂、粗砂等，综合竖向渗透系数根据不同土质分布厚度有所区别，最大达到 1.58×10^{-3} cm/s，最小为 2.72×10^{-6} cm/s。通州区属大陆性季风气候区，受冬、夏季风影响，形成春季干旱多风、夏季炎热多雨，年平均温度 11.3 ℃，多年平均降水量 535.9 mm。

三、材料与方法

1. 样方调查

根据植物群落调查的样地选择及相关研究方法，2019 年 9 月在对副中心海绵城市试点区全面踏查的基础上，选择建筑与小区内已完工 2 年以上且植物群落稳定的项目，同时以收集屋面和道路的雨水为主，对进水水量及水质污染负荷等条件相似的绿地内的生物滞留设施进行调研（图 6-1、图 6-2）。如表 6-1 所示选出紫荆雅园、BoBo 自由城、北京小学通州分校、荔景园、牡丹雅园 5 个示范工程中 15 个具有代表性的生物滞留设施通过调查和信息采集对植物群落景观进行评价，在每个生物滞留设施中设置 3 个 1 m×1 m 的样方，本研究共设置 45 个样方。在每个样方内分别统计草本植物物种的名称、株数（丛数）、盖度、生长指标、绿化覆盖率并拍摄照片。

图 6-1　紫荆雅园生物滞留设施现场调研

图 6-2　BOBO 自由城生物滞留设施现场调研

表 6-1　通州海绵城市试点区示范工程生物滞留设施概况

编号	项目名称	项目类型	项目规模	建成时间	生物滞留设施功能	样方数	生物滞留设施种植植物品种
1	紫荆雅园	住宅小区	116 100 m²	2017 年 6 月	建筑楼前绿地内设置溢流型生物滞留池,收集、滞蓄屋面雨水	9	狼尾草、马蔺(*Iris lactea*)、千屈菜、萱草(*Hemerocallis fulva*)、玉簪、花叶芒(*Miscanthus sinensis*)、八宝景天、牛膝菊(*Galinsoga parviflora*)、金鸡菊(*Coreopsis drummondii*)
2	BoBo自由城	住宅小区	151 288 m²	2017 年 6 月	小区庭院绿地内设置溢流型、下渗型两种生物滞留池,对建筑屋面、庭院铺装雨水收集和净化	9	鼠尾草(*Salvia japonica*)、天人菊(*Gaillardia pulchella*)、高羊茅(*Festuca elata*)、萱草、八宝景天、狼尾草、松果菊(*Echinacea purpurea*)、黑心金光菊(*Rudbeckia hirta*)
3	北京小学通州分校	公共建筑	21 585 m²	2017 年 9 月	教学楼间庭院内绿地设置溢流型生物滞留池,对屋面、庭院铺装雨水收集存储	9	假龙头花(*Physostegia virginiana*)、费菜(*Sedum aizoon*)、玉簪、萱草、鸢尾、荷兰菊、高羊茅、千屈菜
4	荔景园	住宅小区	72 400 m²	2017 年 9 月	小区绿地内设置溢流型生物滞留池,收集屋面、广场道路雨水	9	玉簪、芦苇(*Phragmites communis*)、千屈菜、鸢尾、八宝景天、菊花(*Dendranthema morifolium*)、萱草、金鸡菊
5	牡丹雅园	住宅小区	135 800 m²	2017 年 9 月	建筑楼前绿地内设置溢流型生物滞留池,收集、滞蓄屋面雨水	9	景天、芦苇、千屈菜、玉簪、八宝景天、马蔺、金鸡菊、白车轴草(*Trifolium repens*)、酢浆草(*Oxalis corniculata*)

1)植物生长指标

采用称量生物量鲜重,采集样方中每种植物,分别测定地上和地下部分鲜重。植物根系扫描系统,通过 WinRHIZO 根系分析系统分析植物根系,分析根系长度、直径、面积、体积等。

2)植物季相

根据每种植物在四季的生长过程中,叶、花、果的形状和色彩随季节而发生的变化,将季相变化分为无季相变化、2 种、3 种、4 种和多种共计 5 种季相变化,分别打分:2、4、6、8、10 分。

3）植物乡土性

根据是否为常用植物、乡土植物、长期栽培应用、新引进品种和入侵物种进行判断，分别打分：10、8、6、4、2分。建设成本、养护需求根据工程设计中相关建设成本和养护成本进行打分。

2. 数据处理

植物丰富度指数是反映生物滞留设施中植物丰富程度的指标。物种多样性指标是衡量一个地区植物多样性的依据。

采用玛格列夫（Margalef）物种丰富度指数 D_{ma}，公式如下：

$$D_{ma}=(S-1)/\ln N \tag{6-1}$$

式中：S 为所有物种数，N 为个体总数。

辛普森（Simpson）指数：

$$D = 1 - \sum_{i=1}^{n} N_i(N_i - 1)/N(N-1) \tag{6-2}$$

式中：D 为物种的辛普森指数，N_i 为某物种总数，N 为所有物种数量总和。

香农 – 威纳（Shannon-Weiner）指数：

$$H' = \sum_{i=1}^{n}(P_i \ln P_i) \tag{6-3}$$

式中：H' 为物种的香农 – 威纳指数。

皮诺（Pielou）指数：

$$J = (- \sum_{i=1}^{n} P_i \ln P_i)/\ln S \tag{6-4}$$

式中：J 为皮诺指数，P_i 为属于物种 i 的个体在全部个体中的比例。

即

$$J_{H'} = H'/H'_{max} \tag{6-5}$$

植物群落物种多样性为实测值，对样地中植物丰富度指数、均匀度指数和多样性指数的平均值进行标准化处理，使其转化为 [0,1] 区间的数值，综合反映物种丰富度、均匀度和多样性的平均水平。

第二节
评价体系构建

一、评价指标筛选与确定

为了评价生物滞留设施植物景观设计的有效性，已有研究在植物景观评价方法中将评价指标分为定性和定量两大类，在定量类中的层次分析法中，又分为目标层、准则层和指标层，其中，在公园植物景观评价模型体系中将准则层分为生态效益、美学质量和服务功能。本研究在层次分析法中，初步选择将生物滞留设施植物群落景观作为评价体系的目标层，将生态功能、景观效益、经济效益3项作为评价体系的准则层。生态功能指标层各项因素大多能定量计算，考虑到植物群落稳定性、改善土壤、抗逆性等方面，选择植物生物量、植物多样性、植物覆盖度、根系发达程度等作为生态功能指标。景观效益指标层选择群落配置、季相景观、环境协调性等，作为植物群落美学和景观方面评价因素。经济效益指标层从建设成本、乡土性、养护需求等方面进行评价。将所有初选指标以问卷的形式发送给园林设计、园林植物、生态环境等领域15

位专家和高级技术人员，经过两轮商讨，确定了 1 个一级指标及 3 个二级指标；初步选取的 15 项三级指标，通过专家和专业技术人员打分法选择 10 个最佳指标。本次发放问卷 30 份，回收 27 份，其中有效卷 25 份，按照得分由高到底的顺序排列，选定 10 个三级指标，综合前人研究成果，构建生物滞留设施植物群落 AHP 评价模型（图 6-3）。

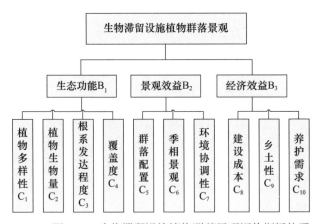

图 6-3　生物滞留设施植物群落景观评价指标体系

二、评价指标的权重

层次分析法通过建立判断矩阵及其一致性检验，根据矩阵的特征向量确定指标权重。层次结构模型判断矩阵通常采用 1 ～ 9 标度法对每层指标进行两两比较。本研究采取专业人员群体判断的方法，消除主观因素影响，将 15 位专家对各指标的标度结果取平均值，得出准则层 B 对目标层 A 的判断矩阵、指标层 C_1 ～ C_4 对准则层 B_1 的判断矩阵、指标层 C_5 ～ C_7 对准则层 B_2 的判断矩阵，指标层 C_8 ～ C_{10} 对准则层 B_3 的判断矩阵（表 6-2 ～表 6-5）。

表 6-2　准则层 B 对目标层 A 的判断矩阵及指标权重

B_i	B_1	B_2	B_3	W_i
B_1	1	3	5	0.6483
B_2	1/3	1	2	0.2297
B_3	1/5	1/2	1	0.1220

表 6-3　指标层 C 对准则层 B1 的判断矩阵及指标权重

B_1C_{1j}	C_{11}	C_{12}	C_{13}	C_{14}	W_{1j}
C_{11}	1	2	3	4	0.4668
C_{12}	1/2	1	2	3	0.2776
C_{13}	1/3	1/2	1	2	0.1603
C_{14}	1/4	1/3	1/2	1	0.0953

表 6-4　指标层 C 对准则层 B2 的判断矩阵及指标权重

B_2C_{2j}	C_{21}	C_{22}	C_{23}	W_{2j}
C_{21}	1	2	3	0.5396
C_{22}	1/2	1	2	0.2970
C_{23}	1/3	1/2	1	0.1634

表 6-5　指标层 C 对准则层 B3 的判断矩阵及指标权重

B_3C_{3j}	C_{31}	C_{32}	C_{33}	W_{3j}
C_{31}	1	3	4	0.6250
C_{32}	1/3	1	2	0.2385
C_{33}	1/4	1/2	1	0.1365

B_1、B_2、B_3 的一致性比率 CR 均小于 0.1，通过了一致性检验。其中，准则层指标对目标层的权重分别为 0.648 3、0.229 7、0.122 0，C_{11} ~ C_{14} 对 B_1 的权重分别为 0.466 8、0.277 6、0.160 3、0.095 3，C_{21} ~ C_{23} 对 B_2 的权重分别为 0.539 6、0.297 0、0.163 4，C_{31} ~ C_{33} 对 B_3 的权重分别为 0.625 0、0.238 5、0.136 5。准则层对于目标层的权重和指标层对于准则层的权重相乘得出指标层指标对于目标层的权重分别为 0.302 6、0.180 0、0.103 9、0.061 8、0.123 9、0.068 2、0.037 5、0.076 3、0.029 1、0.016 7，层次总排序的 CR ＜ 0.1，也通过了一致性检验。

三、评价指标量化与评价分级

生物滞留设施植物群落景观作为评价体系的目标层，通过景观综合评价指数法统计和分析准则层和指标层评价结果，确定各植物群落评价因子的水平值，与评价因子的权重值相乘，得到各植物群落的综合评分值。运用公式 $CEI=S/SO \times 100\%$（CEI 为综合评价指数；S 为评价分数值；SO 为理想值），将生物滞留设施植物群落景观划分为不同等级，并以差值百分比分级法划分为 I 、 II 、 III 、 IV 四个等级，见表 6-6。

表 6-6　生物滞留设施植物群落景观评价等级

等级评分	90 ~ < 100	85 ~ < 90	80 ~ < 85	< 80
植物群落景观评价等级	I	II	III	IV

第三节
生物滞留设施植物群落景观评价

一、生态功能评价

1. 生物多样性评价

本研究选择玛格列夫丰富度、辛普森多样性、香农－威纳多样性和皮诺均匀度综合评价生物滞留设施中草本植物多样性水平。图 6-4 结果表明，BoBo 自由城调查样地的玛格列夫丰富度指数最高，指数值为 2.24 ~ 2.57；其次为牡丹雅园，玛格列夫这丰富度指数为 1.89 ~ 2.14；紫荆雅园玛格列夫丰富度指数平均值最低，仅为1.10。这表明 BoBo 自由城草本植物多样性更为丰富，紫荆雅园和荔景园草本植物种类较为单一。不同工程的生物滞留设施中草本植物的香农－威纳多样性指数，与丰富度指数的差异性基本一致（图 6-5）。其中，草本植物辛普森多样性、香农－威纳多样性最高的是 BoBo 自由城，数值分别为 2.09、0.86。辛普森多样性和皮诺均匀度指数最低的为北京小学通州分校，数值分别为 0.67、0.72。根据多样性指数，可以有针对性地调整植物配置。

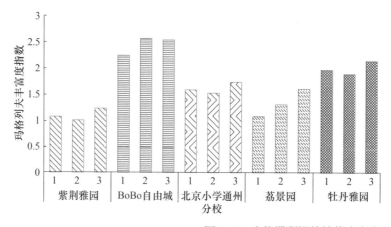

图 6-4　生物滞留设施植物丰富度

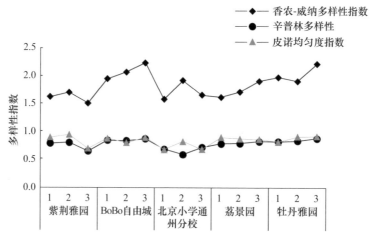

图 6-5　生物滞留设施植物多样性指数

2. 植物生物量和覆盖度评价

图 6-6 所示为不同生物滞留设施植物生长情况，结果显示，地上生物量由大到小排序为荔景园、紫荆雅园、牡丹雅园、北京小学通州分校、BoBo 自由城，地下生物量由大到小排序为北京小学通州分校、荔景园、紫荆雅园、牡丹雅园、BoBo 自由

城。北京小学通州分校植物地下生物量显著高于其他示范点。北京小学通州分校各样地平均植物地下生物量为（7 071±1 824）g，显著高于其他 4 个试点植物地下生物量（$p < 0.05$）。荔景园植物各样地平均地上生物量为（9 431±3 940）g；BoBo 自由城各样地平均地上生物量为（3 916±491）g，显著低于其他试点植物地上生物量（$p < 0.05$）。荔景园样地 1 的植物地上生物量显著大于其他样地，主要是芦苇和千屈菜地上生物量显著高于其他植物，两种植物的地上生物量之和占样地总地上生物量的83%。

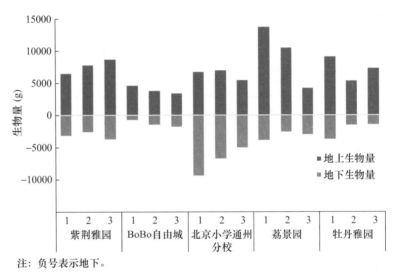

注：负号表示地下。

图 6-6　生物滞留设施植物地上和地下生物量

3. 植物根系发达程度

植物根系形态分布与土壤环境密切相关，通过植物根系生长情况，也可反映土壤结构、基质养分等微环境特征。表 6-7 为不同生物滞留设施试点土壤中植物根系生长的影响情况。根系长度是决定根系固定土壤、吸收水分和养分的重要指标，通过对比各样方，牡丹雅园植物根系长度最大，各样方植物根系总长度的平均值为 945 cm，其次为北京小学通州分校植物根系总长的平均值为 850 cm，显著高于其他处理组（$p < 0.05$）。根系生长与基质养分条件具有相关性，植物根系生长与土壤养分含量在一定范围内成正相关；然而在缺乏营养的土壤或基质条件下，根系通过外延以汲取养分，扩大分布范围以维持植物生长需要。

表 6-7　植物覆盖度与根系指标

样地		覆盖度	根长（cm）	根表面积（cm²）	根体积（cm³）
紫荆雅园	1	86%	655	313	261
	2	84%	365	171	130
	3	79%	631	215	153
BoBo 自由城	1	79%	359	128	138
	2	60%	351	188	223
	3	93%	757	326	324
北京小学通州分校	1	81%	786	401	201
	2	82%	1060	642	488
	3	79%	703	273	113
荔景园	1	72%	690	174	51
	2	79%	839	306	135
	3	79%	674	275	140
牡丹雅园	1	83%	1520	298	63
	2	78%	562	223	129
	3	82%	754	253	111

根系表面积反映植物吸收土壤中水分和养分的能力，根系吸收营养物质能力与表面积成正相关。如结果所示，北京小学通州分校植物根系表面积最大，BoBo 自由城植物根系表面积最小。根系表面积大，吸收根际土壤养分量相对较大，结合植物地上和地下部分生物量数据，根系表面积大的处理组，其地下生物量也显著高于其他处理组，植物对养分的吸收使根系生物量积累。根体积作为决定根系空间分布的重要指标，可以反映植物生长情况及植物固土效果，根体积数据与根系长度和根系表面积不完全一致，北京小学通州分校试点植物根体积最大，各样地植物根系总体积平均值为 267 cm³，而根系体积相对较大的紫荆雅园和 BoBo 自由城，其根系长度和根系表面积却显著低于其他 3 个试点，说明土壤养分条件低导致根系外延生长，但由于养分状况差，植物根系生物量无法累积，所以导致对照组根体积较小，与根系长度成反比。根体积、根部质量较大的植物，根吸收养分多分配至植物根系部分，可以增强植物耐旱性。

4. 生态功能综合评价

生物滞留设施植物生态功能评价从生物多样性、植物生物量、植物覆盖度和植物根系发达程度 4 个方面进行综合评价（表 6-8），其中，生物多样性是生物滞留设施植物群落景观评价的关键性指标。通过综合分析 15 个样地植物相关指标，北京小学通州分校各样地植物生态功能综合评价指标得分最高，草本植物种类为 19 种，其中玉簪、八宝景天、千屈菜、鸢尾为耐湿植物；假龙头花、萱草、荷兰菊、费菜等植物耐旱且适应能力强；也存在自然演替的当地植物狗尾草、灰绿藜（*Chenopodium glaucum*）、堇菜（*Viola verecumda*）等。层次分析法分析结果表明，生物滞留设施的植物生态功能还取决于植物生长情况、植物覆盖情况，同时应该考虑植物对环境的适应能力，而植物根系分布情况对植物抗性、土壤渗透性、雨水净化功能具有密切影响。研究表明草本植物的茎叶具有降水截留作用，并且其对最大雨水的截留量与植被的株高、覆盖度和生物量成正相关关系。因此，在相同的基质层配置情况下，地上植被生物量和覆盖度大的生物滞留设施对雨水滞留能力高。北京小学通州分校和荔景园从植物地上部分生长状况与景观配置角度来看，其雨水滞留和洪峰削减能力更具优势。植物对地表径流的净化效果，一部分是由植物地上部分以及表层根系的拦截作用，其次是由植物根系对营养物质的吸收能力决定的，其中，降雨期间生物滞留设施对雨水污染物的去除主要是通过土壤和植物根系的过滤、截留和吸附等作用实现的。根据评价结果，紫荆雅园生物滞留设施中平均植物根系发达程度优于其他试点。

表 6-8　生态功能指标综合评价

样 地		生物多样性	植物生物量	植物覆盖度	植物根系发达程度	评价得分
紫荆雅园	1	0.215	0.094	0.048	0.054	0.411
	2	0.221	0.101	0.025	0.053	0.400
	3	0.185	0.121	0.035	0.050	0.391
BoBo 自由城	1	0.262	0.052	0.024	0.050	0.388
	2	0.268	0.051	0.032	0.038	0.390
	3	0.283	0.051	0.055	0.059	0.447
北京小学通州分校	1	0.204	0.157	0.051	0.051	0.463
	2	0.216	0.133	0.089	0.052	0.490
	3	0.213	0.101	0.037	0.050	0.402
荔景园	1	0.215	0.171	0.027	0.046	0.459
	2	0.224	0.128	0.043	0.050	0.445
	3	0.240	0.071	0.038	0.050	0.398
牡丹雅园	1	0.249	0.125	0.053	0.053	0.479
	2	0.252	0.067	0.032	0.049	0.401
	3	0.274	0.085	0.037	0.052	0.448

二、景观效益与经济效益评价

通过定量计算和定性评价打分，得出各生物滞留设施景观效益、经济效益评价因子的得分，见表 6-9。植物群落配置评分最高的是 BoBo 自由城 3 个样地，牡丹雅园的样地植物季相景观和景观层次性评分最高，紫荆雅园植物群落配置、季相景观和景观层次性评分均最低。紫荆雅园、荔景园、牡丹雅园生物滞留设施建设成本、乡土性两项指标的评分，均高于 BoBo 自由城和北京小学通州分校。北京小学通州分校的养护需求最高，相反该指标的评分最低。

表 6-9 植物景观效益与经济效益指标得分

样 地		群落配置	季相景观	景观层次性	建设成本	乡土性	养护需求
紫荆雅园	1	0.53	0.73	0.73	0.90	0.94	0.82
	2	0.50	0.64	0.68	0.90	0.87	0.80
	3	0.61	0.76	0.77	0.90	0.88	0.78
BoBo 自由城	1	0.90	0.76	0.84	0.78	0.84	0.68
	2	0.95	0.83	0.87	0.78	0.83	0.76
	3	0.93	0.85	0.90	0.78	0.87	0.70
北京小学通州分校	1	0.72	0.87	0.92	0.73	0.77	0.55
	2	0.70	0.82	0.87	0.73	0.83	0.56
	3	0.77	0.83	0.89	0.73	0.78	0.58
荔景园	1	0.54	0.82	0.87	0.90	0.87	0.71
	2	0.60	0.89	0.93	0.90	0.90	0.67
	3	0.70	0.92	0.90	0.95	0.85	0.66
牡丹雅园	1	0.83	0.90	0.90	0.90	0.88	0.80
	2	0.81	0.91	0.91	0.90	0.91	0.77
	3	0.87	0.95	0.95	0.90	0.95	0.75

三、植物群落景观综合评价

各生物滞留设施生态功能、景观效益、经济效益评价因子的得分和综合评价结果见表 6-10。牡丹雅园生物滞留设施植物景观综合评价得分最高，排名第一，其次为北京小学通州分校、BoBo 自由城和荔景园，紫荆雅园综合评价得分最低。从评价结果看，Ⅰ级生物滞留设施植物景观 5 个，占评价样方的 33.3%；Ⅱ级植物景观 4 个，占评价样方的 26.7%；Ⅲ级植物景观 5 个，占评价样方的 33.3%；Ⅳ级植物景观 1 个，占评价样方的 6.7%。北京市城市副中心海绵城市试点区生物滞留设施植物群落景观总体处于较高水平。

表 6-10　生物滞留设施植物景观综合评价得分

样地		生态功能	景观效益	经济效益	综合评价	等级评分	评价等级
紫荆雅园	1	0.411	0.149	0.087	0.647	81	Ⅲ
	2	0.400	0.137	0.085	0.622	78	Ⅳ
	3	0.391	0.164	0.085	0.640	80	Ⅲ
BoBo 自由城	1	0.388	0.190	0.090	0.668	84	Ⅲ
	2	0.390	0.186	0.091	0.668	83	Ⅲ
	3	0.447	0.189	0.092	0.728	91	Ⅰ
北京小学通州分校	1	0.463	0.188	0.090	0.742	93	Ⅰ
	2	0.490	0.184	0.092	0.766	96	Ⅰ
	3	0.402	0.191	0.091	0.684	86	Ⅱ
荔景园	1	0.459	0.162	0.083	0.704	88	Ⅱ
	2	0.445	0.172	0.083	0.700	88	Ⅱ
	3	0.398	0.182	0.078	0.658	82	Ⅲ
牡丹雅园	1	0.479	0.208	0.085	0.772	97	Ⅰ
	2	0.401	0.214	0.085	0.701	88	Ⅱ
	3	0.448	0.219	0.086	0.753	94	Ⅰ

　　牡丹雅园、北京小学通州分校、BoBo 自由城的部分生物滞留设施调查样地的植物群落景观评价Ⅰ级，植物群落整体生长状况极好，群落内的多年生草本搭配比例协调，群落结构稳定，植物季相配置丰富。自然演替的当地植物种类丰富，能与引进的植物种间竞争和谐，使植物景观富有差异性和生态丰富性。适度的养护管理可以保持植物生态系统的物种多样性和结构功能稳定，群落层次富有变化且植物种类间过渡自然，能很好地与周边环境相协调。

　　植物景观评价等级Ⅰ级的牡丹雅园，从植物配置结构来看，包括株高大于 1 m 的芦苇、千屈菜，也有株高小于 10 cm 的千根草（*Euphorbia thymifolia*）、酢浆草。根据植物季相特征，有花期 4—6 月的鸢尾、马蔺等，也有花期 7—10 月的金鸡菊、八宝景天、玉簪等。

　　北京小学通州分校、荔景园等的部分生物滞留设施调查样地中植物景观评价为Ⅱ级，植物群落结构较为合理，植物整体生长状况较好，植物种类较丰富，物种多样性和季相色彩变化较为丰富，植物景观功能与周边环境相协调。

BoBo 自由城、荔景园和紫荆雅园的部分生物滞留设施调查样地的植物群落景观评价为 Ⅲ 级，植物群落尚保持一定的生态稳定，但植物整体生长状况一般，植物多样性和植物搭配比例协调性相对较差，当地一年生植物狗尾草、牛筋草（*Eleusine indica*）等更新较多，景观配置的植物在群落内部植物种间竞争中处于劣势，生态系统的结构功能和生物多样性较差，季节观赏性一般。

紫荆雅园的生物滞留设施有一处调查样地植物景观评价为 Ⅳ 级。植物生长状况较差，植物配置不协调，植物多样性较差，当地植物和引进植物种类均较少，且长势不好，植物配置单一且季相景观变化不明显。

四、生物滞留设施植物群落景观优化配置策略

生物滞留设施植物景观配置在保障雨水管理和径流污染控制的前提下，从提升植物群落生态适宜性和景观功能角度进行优化配置。随着景观设计引入新自然主义草本植物景观概念，海绵城市景观设计更加注重植物景观生态美学，以可持续、低维护的自然主义生态种植。生物滞留设施种植主要是选取在可以适应场地原生境条件的同时，也能够与系统中的各生物要素和非生物要素协同共生的植物品种，通过混植来展示植物的自然野趣的景观视觉效果，强调群落多样性的建立与表达。针对我国海绵城市建设的特征，植物景观配置需要考虑本土植物和引入植物的生态功能。根据评价结果与分析，为 5 个示范工程中生物滞留设施植物群落景观提供可参考的优化配置模式。

（1）紫荆雅园。调查样地草本植物种类为 12 种，其中，引入植物主要包括狼尾草、马蔺、千屈菜、萱草、玉簪等，植物演替生长的本土植物包括牛筋草、萝藦（*Metaplexis japonica*）等。在适当的人为养护条件下，人工种植引入植物仍处于主导地位，没有过度的本土植物演替生长。在现有植物基础上进一步优化植物群落配置，主要考虑植物的形态和层次、季相景观的丰富程度，通过配置不同花期的植物，突出夏、秋两季可观赏性。生物滞留设施的草本植物，与绿地景观中常绿与落叶树种相结合，整体乔、灌、草搭配比例协调，植物栽植与地形很好地结合，发挥涵养水分、保持水土的功能。

（2）BoBo自由城。调查样地草本植物种类为18种，引入植物种类丰富，包括鼠尾草、天人菊、黑心金光菊、松果菊、萱草、八宝景天等，植物花期长，可做到三季有花可赏，植物种类搭配合理。本土植物有狗尾草、牛筋草、苋菜、千根草等演替生长，种间竞争和谐，引入植物生长状况良好，提高物种多样性。

（3）北京小学通州分校。植物配置丰富，草本植物种类为19种，根据地形变化搭配不同植物，草本植物群落种植比例适宜，以假龙头花、费菜、玉簪、鸢尾等引入植物为主，季相变化明显，植物配置层次过渡自然。

（4）荔景园。草本植物群落物种为14种，丰富程度相对较低，本土植物狗尾草、诸葛菜（*Orychophragmus violaceus*）、牛筋草、委陵菜（*Potentilla chinensis*）等生长旺盛，对引入植物生长具有较强竞争作用，为优化群落内部植物物种配置，可增加种植鸢尾、八宝景天、菊花、萱草等植物，增强不同季节景观植物多样性。

（5）牡丹雅园。调查区域植物物种丰富，调查范围内草本植物种类为20种，错落有致，草本植物群落更好地体现新自然主义景观。引入植物生长状况良好，与本土植物间竞争和谐。草本植物配置构图协调，具有较高观赏价值。

第四节
讨论与结论

植物景观是绿色雨水基础设施中具有生命力的要素，具有多样性变化及动态变化的特征。植物群落是生物滞留设施中重要的构成单位，不同的物种组成、生长特性、配置形式对生物滞留设施的生态效益和景观价值具有重要影响。通过建立生物滞留设施植物群落景观评价体系，从定性和定量两个方面指标进行分析，对验证试点区生物滞留设施的建应用现况具有指导及反馈的意义。

（1）副中心海绵城市试点区生物滞留设施植物群落景观总体处于较高水平：Ⅰ级生物滞留设施植物景观 5 个，占评价样方的 33.3%；Ⅱ级植物景观 4 个，占评价样方的 26.7%；Ⅲ级植物景观 5 个，占评价样方的 33.3%；Ⅳ级植物景观 1 个，占评价样方的 6.7%。从多样性指数分析可知，辛普森指数反映物种集中程度，本研究 5 个试点指数值差异较小。香农－威纳指数可反映稀有种的多样性指数，在 BoBo 自由城调查样地的指数数值显著高于其他试点样地。皮诺指数与辛普森指数有很高的一致性，各海绵城市试点植物均匀度较一致。各试点调查样地草本植物丰富度相似，植物物种集中性较一致。

（2）15个样地共有常用草本植物20种，植物配置多考虑耐湿耐淹、雨水净化、季相变化等生态和景观功能；其中实际应用中评价效果较好、适宜性高的植物包括玉簪、千屈菜、八宝景天和狼尾草等，季相景观出现频率较高的植物包括鸢尾、八宝景天、荷兰菊等。

（3）通过调查与评价的结果与分析，提出5个示范项目生物滞留设施植物景观优化配置：注重低影响开发设施与植物配置功能的匹配，重视乡土植物开发与利用构建植物群落，考虑植物的层次和形态，增强不同季节植物景观的多样性等。

在后续生物滞留设施植物配置中，应科学地进行规划，加强本土植物和引入植物演替特征研究及筛选。加强生物滞留设施的跟踪和调查，进一步研究分析植物对基质结构特征、污染物净化的响应关系，在保证植物多样性丰富的同时，营造物种稳定、功能健全的生态系统，实现生物滞留设施的健康运行，及时地总结和评价副中心海绵城市试点区的经验，为北京地区生物滞留设施植物群落景观建设提供实践参考依据。

本章参考文献

[1]仇保兴.海绵城市（LID）的内涵、途径与展望[J].建设科技，2015（1）:11-18.

[2]王俊岭，魏江涛，张雅君，等.基于海绵城市建设的低影响开发技术的功能分析[J].环境工程,2016,34（9）:56-60.

[3]任建武，翟玮，王媛媛，等.深圳海绵城市建设生物滞留带植物筛选[J].天津农业科学,2017,23（3）:98-102.

[4] Read J, Wevill T, Fletcher T, et al. Variation among plant species in pollutant removal from stormwater in biofiltration systems[J]. Water Research, 2008,42(4/5):893-902.

[5] Ahiablame L M, Engel B A, Chaubey I. Effectiveness of low impact development practices: Literature review and suggestions for future research[J]. Water Air & Soil Pollution, 2012,223(7):4253-4273.

［6］Davis A P, Shokouhian M, Sharma H, et al. Water quality improvement through bioretention media: Nitrogen and phosphorus removal[J]. Water Environment Research, 2006,78(3):284-293.

［7］Davis A P, Shokouhian M, Sharma H, et al. Water quality improvement through bioretention: Lead, copper, and zinc removal[J]. Water Environment Research,2003,75(1):73-82.

［8］Reddy K R, Xie T, Dastgheibi S. PAHs removal from urban storm water runoff by different filter materials[J]. Journal of Hazardous, Toxic, and Radioactive Waste, 2014,18(2):04014008.

［9］Dietz M E, Clausen J C. Saturation to improve pollutant retention in a rain garden[J]. Environmental Science & Technology, 2006,40(4):1335-1340.

［10］Lucas W C, Greenway M. Nutrient retention in vegetated and nonvegetated bioretention mesocosms [J]. Journal of Irrigation and Drainage Engineering, 2008,134(5):613-623.

［11］Hatt B E, Fletcher T D, Deletic A. Hydrologic and pollutant removal performance of stormwater biofiltration systems at the field scale[J]. Journal of Hydrology, 2009,365(3/4):310-321.

［12］Read J, Fletcher T D, Wevill T, et al. Plant traits that enhance pollutant removal from stormwater in biofiltration systems[J]. International Journal of Phytoremediation, 2009,12(1):34-53.

［13］Hunt W F, Lord B, Loh B, et al. Plant selection for bioretention systems and stormwater treatment practices[M]. Singapore: Springer Singapore, 2015.

［14］龙佳,王思思,冯梦珂.北京市低影响开发设施植物应用现状与评价优化[J].环境工程,2020,38（4）:89-95.

［15］Morash J, Wright A N, Lebleu C,et al. Increasing sustainability of residential areas using rain gardens to improve pollutant capture, biodiversity and ecosystem resilience[J]. Sustainability, 2019,11(12): 3269-3287.

[16] 李华威, 穆博, 康艳, 等. 公园绿地植物景观综合评价与实证研究 [J]. 河南农业大学学报,2015,49(6):838-842.

[17] 谭铭智. 人工植物群落调查方法设计与评价探讨 [J]. 中国林业产业,2016(1):168-169.

[18] Lynch J. Root architecture and plant productivity[J]. Plant Physiology, 1995,109(1):8-13.

[19] Gaiotti F, Marcuzzo P, Belfiore N, et al. Influence of compost addition on soil properties, root growth and vine performances of Vitis vinifera cv Cabernet sauvignon[J]. Scientia Horticulturae, 2017, 225:88-95.

[20] 平亚琴, 海江波, 陈欣宇, 等. 不同基因型油菜成熟期根系特征及其与根际土壤养分关系 [J]. 西北农业学报,2017,26(5):718-727.

[21] 冯梦珂. 低影响开发设施的植物景观评价与优化研究 [D]. 北京:北京建筑大学,2019.

[22] Nagase A, Dunnett N. Amount of water runoff from different vegetation types on extensive green roofs: Effects of plant species, diversity and plant structure[J]. Landscape and Urban Planning, 2012,104(3):356-363.

[23] 宁惠娟, 邵锋, 孙茜茜, 等. 基于 AHP 法的杭州花港观鱼公园植物景观评价 [J]. 浙江农业学报,2011,23(4):718-724.

[24] Hitchmough J, Dunnett N. Introduction to naturalistic planting in urban landscapes[C] // Dunnett N, Hitchmough J. The Dynamic Landscape: Ecology, Design and Management of Urban Naturalistic Vegetation, London: Spon Press, 2003.

[25] 袁嘉, 杜春兰. 新自然主义草本植物景观在城市雨水花园中的应用与设计 [J]. 风景园林,2017(5):22-27.

第七章

北京城市副中心海绵城市试点区多尺度在线监测与效果评价管控模块开发研究

第一节
研究背景

课题研究期间，对试点区典型低影响开发设施、地块、监测管控单元等不同尺度的海绵城市建设效果进行了监测，获取了大量的数据，为管控技术的实现和管控模型的构建提供了基础。但通过对试点区监测数据的采集分析发现，数据自身的定量效果不好，无法准确量化评估海绵城市的效率，因此无法提出合理有效的管控技术。主要存在以下两个问题。

一是监测数据的准确性和可靠性问题。自 2017 年，通过多尺度在线监测已经获得了大量的数据，通过分析数据发现年径流量明显偏低。基于准确性低的监测数据，难以准确地量化海绵设施的效果，从而无法给出有效信息来支持管控技术。

二是基于监测数据评估存在局限性和片面性。即使在监测数据具有较高的准确性的情况下，由于监测区域内降雨情况、地面渗透条件等存在较大时空变异性，仅凭监测数据无法完成有效评估以及给出管控建议。

综上，监测数据无法有效准确地评价海绵设施效果，从而无法提出合理有效的管控手段，因此需针对项目的实际情况和需求提出解决方案。

通过对监测数据的深度识别与分析，建立模式匹配系统。结合陆域－管网耦合模型与海绵城市评估系统模型，最终形成完整的海绵城市管控决策分析体系。为了能够满足项目的实际需求，最终为海绵城市建设提供智能化管控技术，需要建立完整的管控决策分析体系，这套体系包括以下技术手段。

1. 监测数据深度路线分析与特征识别

该部分主要结合特定的情景，对降雨、流量、水位等监测数据进行有效信息提取及特征识别，尤其是准确性较低的流量监测数据。结合对监测数据的特征识别，为模型系统初步判断筛选出合适的模拟情景。为下一阶段陆域－管网耦合模型以及海绵城市设施模型的校准和模拟提供可用数据和相关情景。

2. 陆域－管网耦合模型构建

该部分重点结合降雨、管网、排口等资料构建陆域－管网耦合模型，用以模拟不同设计情景和历史情景下示范区水文对降雨的响应情况。

3. 海绵城市评估系统模型构建

该部分基于陆域－管网耦合模型，重点评估 LID 设施对试点区域内水文的改善效果。结合不同情景，分析试点区域内海绵城市系统的运行机制。该模型作为整个决策系统的内核，用于建立监测数据与管控机制之间的联系。

4. 模型与特征数据融合

该部分主要是利用已有监测数据提取特征信息，特征信息反馈模型，使模型具备处理监测数据并做出正确反馈的能力，建立数据与模型融合机制，促成数据与模型之间的有效互动，为管控决策提供重要技术支撑。

5. 管控决策

该部分着力于在"多尺度在线监测体系"和"海绵城市评估系统模型"基础上，应用"数据与模型融合机制"，构建监测数据驱动模型决策这一运营体系及相应决策机制，为海绵城市运营维护提供有力数据支撑（图7-1）。

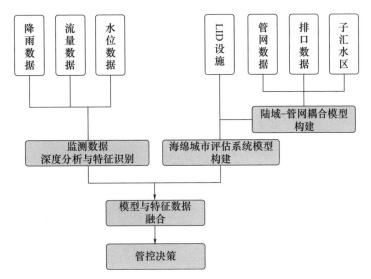

图 7-1　管控决策分析体系技术路线

第二节
监测数据深度分析与特征识别

该部分主要对降雨和流量数据进行有效信息提取以及进一步的特征识别，为模拟结果与监测数据的模式匹配做好准备，使得陆域－管网耦合模型和海绵城市评估模型能够准确表达。

一、监测数据深度分析

监测数据深度分析，主要分析与模型构建相关的降雨数据及流量数据。包括以下内容：①降雨数据分析，分离降雨序列中单次降雨，以便更好地了解研究区的降雨，分析对象为 2018—2019 年降雨数据。②监测数据分析，提取和单场降雨匹配的排口流量数据，分析主要选择在 LID 设施建设前后都有监测数据的紫荆雅园 2 号排口监测点（图 7-2）数据，数据周期为 2018—2019 年。

图 7-2　紫荆雅园 2 号监测点示意

1. 降雨数据分析

降雨数据来自布置于紫荆雅园的雨量计，采集了 2017 年及之后 2 年的主要雨季时段数据，各年份具体数据采集时段和相应的总降雨量见表 7-1。降雨数据采集时间间隔主要集中在 2 min 和 5 min。

表 7-1　2017—2019 年降雨数据采集时段及其总降雨量

年份	降雨量数据时段	总降雨量（mm）
2017	2017-07-20 至 2017-11-15	303.0
2018	2018-04-01 至 2018-10-01	593.5
2019	2019-03-01 至 2019-10-31	297.5

对降雨数据进行重新整理，以小时为单位统计逐时段降雨量，然后统计降雨场次，并以单场降雨为单位，统计每场降雨的总降雨量。其中降雨场次的划分通过以下原则确定：6 h 及以上未监测到降雨数值，则前后视为两次降雨过程；出现的降雨间隔不足6 h 的，视为同一场降雨。则 2017—2019 年降雨场次分别为 20 场、50 场及 38 场。

2. 流量数据分析

1）监测点流量统计

选择紫荆雅园 2 号排口监测流量作为分析对象，除了有海绵设施建设前后的比对，还考虑此处收集的为雨水，不受污水影响，因此对其做进一步的整理和分析。按照降雨场次，记录降雨量、降雨开始时刻、各小时累积流量值，以 2017 年为

例，记录结果见表 7-2。可以看出，第 2 场降雨的总降雨量为 49 mm，产生的总径
流量为 86.43 m³，而第 4 场降雨的总降雨量只有 16.5 mm，产生的总径流量却有
193.32 m³，是第 2 场降雨总径流量的 2 倍之多，但降雨量只有其 1/3。同样，第 17
场降雨，总降雨量为 52.5 mm，属于暴雨级别，但是没有产生径流。因此可以看出，
降雨与径流的关系不仅要考虑单场降雨的总量，还要考虑降雨持续时间、分布情况以
及降雨强度等因素的影响。在建立降雨与径流关系时，准确的降雨数据、土壤及用地
类型都会影响径流的产生。

表 7-2　2017 年 20 场降雨下 2 号排口流量记录

降雨场次	降雨量（mm）	降雨开始时刻	小时累积流量（m³）
1	2.0	2017/07/20 19:00	0
2	49.0	2017/07/21 1:00	58.43
		2017/07/21 2:00	26.98
		2017/07/21 3:00	1.02
3	3.5	2017/07/26 7:00	0
4	16.5	2017/08/02 22:00	97.74
		2017/08/02 23:00	79.68
		2017/08/03 0:00	2.34
		2017/08/03 1:00	13.56
5	6.0	2017/08/08 22:00	2.52
6	87.0	2017/08/11 19:00	0.36
		2017/08/11 20:00	292.02
		2017/08/11 21:00	89.46
7	10.0	2017/08/12 9:00	0
		2017/08/12 11:00	5.52
8	4.5	2017/08/13 1:00	0
9	3.0	2017/08/13 15:00	0
10	3.0	2017/08/13 21:00	0
11	0.5	2017/08/14 5:00	0
12	4.5	2017/08/16 14:00	0
		2017/08/16 15:00	52.44
		2017/08/19 16:00	0
13	15.0	2017/08/23 0:00	0
		2017/08/23 6:00	0
14	29.5	2017/08/27 7:00	0

续表 7-2

降雨场次	降雨量（mm）	降雨开始时刻	小时累积流量（m³）
15	1.0	2017/08/28 12:00	0
16	10.5	2017/10/01 12:00	0
17	52.5	2017/10/02 0:00	0
18	0.5	2017/10/07 16:00	0
19	0.5	2017/10/07 22:00	0
20	4.0	2017/10/11 0:00	0

2）起始流量阈值

图 7-3 为紫荆雅园 2 号监测点 2017 年 7 月 20 日—11 月 15 日管道流速与水深监测数据的关系图，可以明显看出，当管道内水深小于 0.092 m 时，管道内就算有水深，监测到的流速均为 0。而项目中使用的超声波流量计显示的监测流量值是通过测得的流速与过流断面面积之积得到的。这也使得 0.092 m 水深以下，流量计监测流量值为 0。而从 0.092 m 水深开始，管道内流速存在并不是逐渐从 0 变大，而是直接在 0.2 m/s 左右。此处将 0.092 m 这个水深相应的断面实际过流量定义为起始流量阈值。在 0.092 m 水深附近对应的流速不是某个固定值，而是流速区间为 0.18~0.29 m/s，通过计算得到相应的流量区间为 4.5~7.2 L/s。

当流量计监测值为 0 时，人为判断认为此刻没有产生径流。而实际情况受到起始流量阈值的影响，此刻可能已经产生径流，但是由于较小使得监测值为 0。相应地，为了使得模拟结果与监测特征提取一致，考虑起始流量阈值的影响，在模式匹配阶段，需要将模拟径流量瞬时值减去起始流量阈值部分，再提取特征，这样得到的模拟径流量与监测径流量特征提取的基础才是一致的。

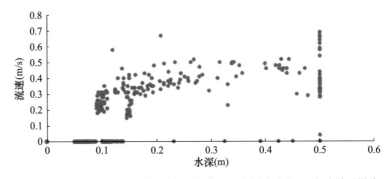

图 7-3　紫荆雅园管道 2 号监测点水深 - 流速关系散点

二、监测数据特征识别

1. 降雨特征提取

降雨与地面径流的产生有直接的关联性，因此降雨特征非常重要，根据雨量计监测数据，提取降雨场数、降雨起始时刻、降雨结束时刻、径流量统计截止时间以及降雨量。其中径流量统计截止时间指降雨结束时刻延迟 5 h 的时刻点，主要用于单场降雨下，统计产生径流量的截止时刻点。

2. 径流特征提取

1）特征提取的定义

单场降雨场次下，地面可能没有产生径流，也可能产生径流。当排水体系为分流制时，雨水管网排口流量监测数据可以直接反映由降雨形成的地面径流情况。前面提到径流监测数据绝对值不准确，但是在雨后，是否形成了径流这一特征信息，是可以基于降雨特征对其进行提取的。

譬如，对于单场降雨，从开始降雨时刻至径流量统计截止时间这一时段，可以通过流量监测数据统计相应时段内累积流量值。将累积流量记为 V，如果 $V>0$，即将这场降雨相应的径流量特征提取为 1，表示该场降雨下，相应区域产生了径流；如果 $V = 0$，即将这场降雨相应径流量特征提取为 0，表示这场降雨下，相应区域没有产生径流。

2）径流监测值特征提取

以 2017 年前 3 场降雨为例，紫荆雅园 2 号出口监测数据相应的径流量特征提取值见表 7-3。

表 7-3　2017 年前 3 场降雨紫荆雅园 2 号出口监测径流量特征提取

降雨场次	径流采集时刻	径流监测值（L/s）	径流特征提取值
1	7/20 19:00—7/21 1:00	0	0
2	7/21 1:00—7/21 1:24	0	1
	7/21 1:26	15.28	
	7/21 1:28	0	
	7/21 1:30	0	
	7/21 1:32	0	
	7/21 1:34	0	
	7/21 1:36	0	

续表 7-3

降雨场次	径流采集时刻	径流监测值（L/s）	径流特征提取值
2	7/21 1:38	6.67	1
	7/21 1:40	60.56	
	7/21 1:42—7/21 2:30	>0	
	……	……	
	7/21 3:08—7/21 20:00	0	
3	7/26 7:00—7/26 15:00	0	0

3）模拟径流量特征提取

在模式匹配之前，同样需要对陆域－管网耦合模型或者海绵城市评估系统模型模拟得到的流量时间序列值进行特征提取，其提取方法与径流监测值特征提取方法一样。

第三节
陆域－管网耦合模型构建

一、基础数据收集

1. 示范区卫星影像地图

收集到分辨精度为 50 m×50 m 的卫星影像地图，主要用来划分草地、路面、屋顶等用地类型。

2. 示范区地形图

示范区地形图的高程采样间距为 5 m 左右，主要用于提取汇水单元坡度。

3. 管网及节点数据

收集到示范区管网共 494 根管道，其中圆形截面管道 382 根，矩形截面管道 112 根；圆形截面管径变化范围为 0.1~2.0 m，矩形截面高×宽范围为 0.75 m×1.40 m~2.00 m×3.60 m；管道长度范围为 3.18~253.46 m。

收集到示范区管网节点共 503 个,其中包括泵上下游节点 4 个、普通检修井节点 490 个以及排口节点 9 个。

4. 气象数据

陆域－管网耦合模型是基于海绵设施建设前搭建的模型,因此选用没有开始海绵设施建设的 2017 年降雨数据。2015—2017 年平均日蒸发量依次为 4.8 mm、4.6 mm 与 4.4 mm,在模拟过程中暂取 5 mm 作为模型日蒸发量值。

5. 土壤类型

示范区内进行试验部分的土质类型主要为黏质粉土、粉质黏土、细砂、中砂和粗砂等。

二、数据信息提取与分析

1. 用地类型

根据示范区卫星影像地图,通过人工解译的方法,将用地类型手动划分为水体、绿地、建设用地、体育场、主要道路、屋顶和庭院,其中庭院包括小区范围内除去屋顶以外的部分,包含小区内绿地和小区内道路两类,建设用地包括裸地,得到的用地类型分布见图 7-4。

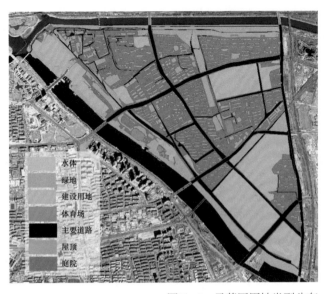

图 7-4　示范区用地类型分布

2. 子汇水单元划分及参数提取

1）小区分布信息收集

根据在线地图信息，首先收集了示范区内不同的小区、学校和建设用地相应名称及分布范围等信息，共包含 31 个初步单元，见图 7-5，相应的单元轮廓线见图 7-6。

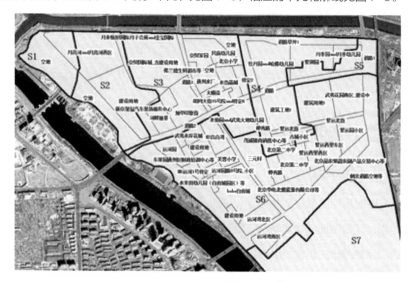

图 7–5 示范区 31 个初步单元分布

图 7–6 示范区 31 个初步单元轮廓

2）子汇水单元划分

由于此区域存在新老小区，新的小区排水管道汇总到一个出口然后统一接入市政排水系统，而一些老旧小区存在小区排水管道汇入多个出水口然后分别就近接入市政排水系统的现象。因此这一阶段，对 31 个初步单元内的小区等子单元，每侧设置 1~3 处市政排水系统接入点，然后结合内部道路、周边管网等信息，将初步单元内部做进一步划分，得到 222 个子汇水单元，见图 7-7。

图 7-7　示范区 222 个子汇水单元

3）子汇水单元参数提取

统计每个子汇水单元上总面积和各用地类型的面积，然后通过不同用地类型不渗透地面面积比，计算每个子汇水单元相应的不渗透地面面积百分比。根据已有的示范区地形图，提取各子汇水单元平均坡度。

三、模型构建

本研究所使用的模型搭建软件为 Inteliway-SWMM（v 1.0），该软件是北京英特利为环境科技有限公司锐思计算智能实验室（RCIL）基于 EPA-SWMM 模型二次开发的新软件。它可以实现流域水文颗粒态、溶解态动态分解，以及管网、河道污染物的沉降、冲刷过程模拟；可用于模拟管网、河道污染物沉降、冲刷，以及简单的泥沙迁移等。另外在 EPA-SWMM 潮汐水动力开边界基础上开发潮汐水质开边界，从而可以完全进行包含感潮河段河网的一维水动力、水质模拟。根据地形与管网特征，结合小区分布共划分子汇水单元 222 个、节点 503 个、管道 496 根。

模型的运行要素主要包括由研究区域的地形、路网、建筑物布局等联结而成的汇水分区，研究区域的雨水管网、检查井、储水（调蓄）设施，以及雨量计等。结合研究区域雨水管网、竖向高程、汇水分区、水系绿地、用地类型等自然本底条件，搭建现状模型，具体见图 7-8、图 7-9。

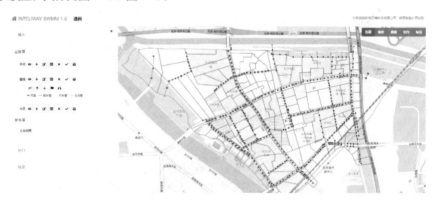

图 7-8　基于 Inteliway-SWMM 模型的搭建页面

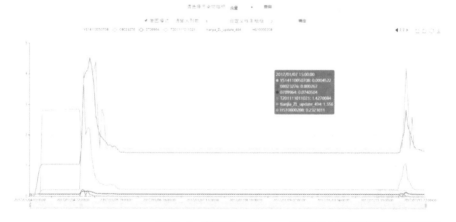

图 7-9　基于 Inteliway-SWMM 模型的结果展示页面

第四节
海绵城市评估系统模型构建

为了模拟低影响开发设施的运行状态，利用 EPA-SWMM 搭建海绵城市评估系统数学模型。

一、基础数据

1. LID 设施参数处理

模型中的单项控制指标可通过模型中低影响开发控制模块的透水铺装、下凹式绿地和绿色屋顶等设施来实现，设施的主要参数需要在已建项目的资料中进行提取。模型中单项控制指标的各参数需要在 CAD 大样图中进行提取，提取的单项控制指标中的参数最终输入模型中，如图 7-10 所示。

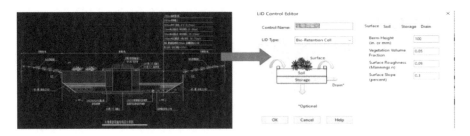

图 7-10　参数输入

2. LID 设施面积数据

LID 设施面积提取利用 ArcGIS (v10.3) 软件。首先将施工图中 LID 设施投影至已处理好的地图中，再按照陆域 - 管网耦合模型中划分的 222 个子汇水分区进行切割，得到每个子汇水分区上的 LID 设施类型与面积。

二、模型参数

海绵城市评估系统模型中汇水区、管段、节点地形图、土壤的渗透性等参数取值与陆域 - 管网耦合模型相同，汇水区的面积、坡度、不透水性，管道的尺寸、埋深，节点的深度、高程，以及低影响开发设施的主要参数等来源于项目的设计资料。项目采用的低影响开发设施包括绿色屋顶、雨水花园、下沉式绿地、透水铺装、生物滞留池、渗渠、植草沟、生态树池、透水沥青等。模型中低影响开发设施的布置采用子汇水区层面的布置方式，即定义一种类型的 LID 设施，按照面积将其覆盖汇水区，从而能够详细表达整个项目的雨水径流路径。其他参数借鉴 SWMM 用户手册和《海绵城市建设技术指南》以及相关文献，如表 7-4 所示。

表 7-4　土壤属性

土壤类型	水力传导度 (mm/h)	水吸力 (mm)	孔隙率	田间持水率	凋萎系数
砂土	120.396	49.022	0.437	0.062	0.024
壤砂土	29.972	60.96	0.437	0.105	0.047
沙壤土	10.922	109.982	0.453	0.19	0.085
壤土	3.302	88.9	0.463	0.232	0.116
粉壤土	6.604	169.926	0.501	0.284	0.135
砂质黏壤土	1.524	219.964	0.398	0.244	0.136

续表 7-4

土壤类型	水力传导度（mm/h）	水吸力（mm）	孔隙率	田间持水率	凋萎系数
黏壤土	1.016	210.058	0.464	0.31	0.187
粉沙质黏壤土	1.016	270.002	0.471	0.342	0.21
砂黏土	0.508	240.03	0.43	0.321	0.221
粉黏土	0.508	290.068	0.479	0.371	0.251
黏土	0.254	320.04	0.475	0.378	0.265

注：数据来源于 SWMM 用户手册。

三、模型搭建

本次建模以 LID 设施的基本情况与面积为基准，简化 LID 设施的具体分布方式（图 7-11）。

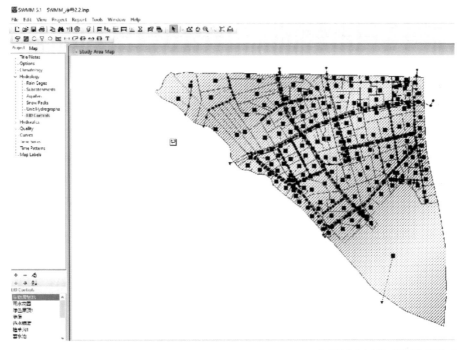

图 7-11　海绵城市评估系统模型界面

四、参数率定与模型验证

1. 参数率定方法

以 2017 年 7 月 20 日凌晨到 10 月 12 日凌晨紫荆雅园 2 号排口流量监测值为例，共计 20 场降雨，每一场降雨都可以提取相应的监测径流量特征，然后将这些特征值依照 20 场降雨先后顺序排列组成相应的监测径流量模式，见表 7-5。依照类似的方式，针对模型，也可以提取相应区域模拟得到的径流量模式。将提取的监测径流量模式与模型模拟径流量提取模式进行一致性比较，这个过程被称为模式匹配。

基于模式匹配的过程，模式匹配率定义如下：径流模式匹配的总降雨场次数为 N，其中 N0 场降雨对应的径流特征一致，则模式匹配率为 N0/N × 100%。

表 7-5　20 场降雨下紫荆雅园 2 号排口监测径流量模式

降雨场次	1	2	3	4	5	6	7	8	9	10
径流特征	0	1	0	1	1	1	1	0	0	0
降雨场次	11	12	13	14	15	16	17	18	19	20
径流特征	0	1	1	0	0	0	0	0	0	0

由于模型关键参数取值存在一个范围区间，导致存在不同的参数组合，其对应的模型得到的模拟径流量和监测值模式匹配率既可能不同也可能相同。当不同的参数组合得到的匹配率不同时，通过遗传算法来寻找模式匹配率高的模型参数组合。当得到的匹配率高的参数组合时，也会存在多个不同的参数组具有相同匹配率的情形，通过 K-means++ 聚类分析方法，对已经寻找到的高匹配率参数组集合元素进行分类，挑选出具有代表性的模型参数组，从而完成不确定条件下模型的参数校核。

2. 需要率定的参数

在降雨形成地面径流的过程中，以下 8 个模型关键参数以及 1 个起始流量阈值参数共 9 个参数，对其有着不同的影响，其对应的取值范围见表 7-6，需要挑选出合适的参数组合构建模型。

表 7-6　关键参数取值范围

参数序号	参数	取值范围
1	不透水地面糙率	0.01~0.04
2	透水地面糙率	0.03~0.40
3	不透水地面洼地蓄水深度	1.28~2.54 mm
4	透水地面洼地蓄水深度	2.54~7.62 mm
5	不透水地面无洼地蓄水百分比	0~100%
6	不透水地面流向透水地面径流百分比	0~50%
7	Horton 下渗模型初始下渗能力	25~65 mm/h
8	Horton 下渗模型饱和下渗能力	2~10 mm/h
9	模型起始流量阈值	0~100 L/s

3. 参数率定过程

1）参数筛选方法

遗传算法是计算数学中用于解决最佳化的搜索算法，是进化算法的一种。进化算法借鉴了进化生物学中的一些现象，包括遗传、变异、选择及杂交等算子。

遗传算法主要包括 A（生成初始种群）和 B（循环）共 2 个部分，其中 B 部分从步骤 1 至步骤 4 来回循环直到找到满足终止条件为止，遗传算法流程示意图如图 7-12 所示。

步骤 1：计算种群个体目标函数值。

步骤 2：基于目标函数值计算种群个体的适应度。

步骤 3：依据个体适应度选择合适的个体为产生下一代做准备，选择的方法一般有轮盘法、竞争法及等级轮盘法。

步骤 4：使用交叉和变异算子对选择产生的个体进行操作，生成新的个体和种群，返回步骤 1。

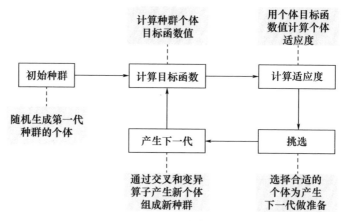

图 7-12　遗传算法流程示意

2）参数设置

种群个体为表 7-5 中 9 个参数值组合而成，每一个不同的个体对应一个确定的模型参数组合，由 100 个个体组成种群，使用遗传算法来模拟生物进化过程。进化过程中，以模式匹配率作为目标函数，模式匹配率越大，个体的适应度越高。随着种群更新，一直寻找适应度更高的个体，直到适应度维持稳定不变。详细的遗传算法参数见表 7-7。

表 7-7　遗传算法参数

种群规模	个体长度	交叉概率	变异概率	中止条件
100	8/9	0.2/0.3	0.02/0.03	迭代 200 代

以个体长度取 8 为例（不考虑第 9 个参数起始流量阈值）随着 200 代迭代结束，个体的模式匹配率从 35% 上升到 65%，最大匹配率维持 65% 不再上升，种群个体适应度随着迭代数的分布如图 7-13 A 所示。

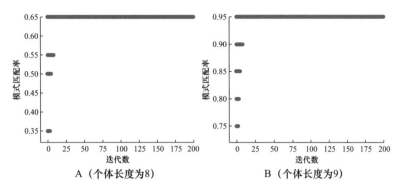

图 7-13 种群个体适应度随迭代分布（以交叉和变异概率分别取 30% 和 3% 为例）

A 和 B 的对比结果，也反映了起始流量阈值的存在及重要性，当不考虑这一参数时，模拟得到的流量值与监测值模式匹配性很差。

3）参数初步确定

在考虑起始流量阈值参数条件下，在 4 组不同交叉和变异概率的遗传算法结果中满足模式匹配率不小于 85% 的不同参数组合共 99 个。对应有 99 个模型，这些模型相应的模式匹配率较高。但是使用这么多的模型来对 LID 设施进行分析是不现实的，因此需要筛选出具有代表性的模型参数来对 LID 设施效果进行分析。

4）高匹配率参数确定方法

（1）K-Means 算法简介。K-Means 算法主要用来将 n 个数据分成 K 类，其算法流程如图 7-14 所示。

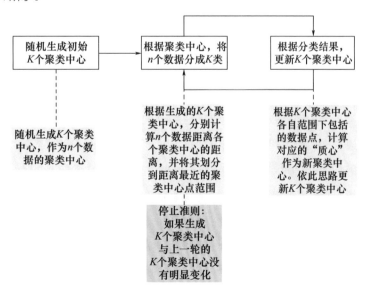

图 7-14 K-Means 算法流程

（2）K-Means++ 算法简介。由于 K-Means 算法初始聚类中心点是随机生成的，这可能导致收敛速度很慢，从而使得计算时间很长。因此 K-Means++ 算法对 K-Means 随机初始化聚类中心的方法进行了优化，优化部分见图 7-15。

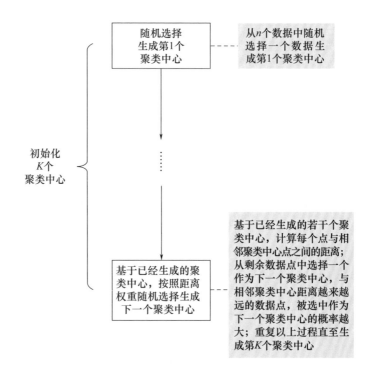

图 7-15　K-Means++ 算法初始化聚类中心流程

（3）K 值确定。将遗传算法得到的模式匹配率不小于 85% 的 99 个个体使用 K-Means++ 聚类分析方法进行分类，需要确定分类的聚类中心数。本研究使用 Elbow Method 方法，将所分种类个数从 1 依次增加，然后绘出 cost 函数与聚类中心数 K 的变化关系；cost 是所有数据点与各自相邻聚类中心点距离之和相关的函数，cost 越小分类越精确，Elbow Method 方法一般取拐弯明显的点。本研究 cost 函数与 K 的关系变化见图 7-16，可以看出 2.0 和 5.0 为明显的拐点，但是为了得到更多典型的模型参数组，选择更大的 K 值 10.0 作为本次聚类中心的个数。

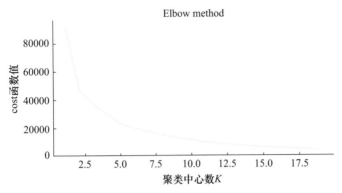

图 7-16 cost 函数与 K 的关系

5）参数确定结果

根据确定的聚类中心数 10，使用 K-Means++ 聚类分析方法将 99 个参数组合分为 10 类，然后在每一类中挑选了匹配率最高的参数组合，见表 7-8。这 10 组参数对应的匹配率为 85%~95%，挑选匹配率为 95% 的 6 组参数，序号依次为 2、3、4、5、7 及 8，作为 LID 设施分析的模型参数。

表 7-8　10 组典型参数

典型参数组合	表 7-6 中参数									模式匹配率
	参数 1	参数 2	参数 3	参数 4	参数 5	参数 6	参数 7	参数 8	参数 9	
1	0.02	0.352	1.571	7.133	49.222	28.202	32.763	3.2	25.421	90%
2	0.02	0.256	2.156	4.239	91.722	44.952	53.557	8.987	22.763	95%
3	0.013	0.127	1.761	4.748	38.3	29.974	48.379	5.322	25.287	95%
4	0.013	0.124	2.27	4.809	69.037	18.754	46.459	5.227	33.417	95%
5	0.027	0.265	1.571	3.434	41.033	1.879	34.167	3.028	37.492	95%
6	0.024	0.275	1.336	5.218	6.885	33.911	40.628	5.892	20.859	85%
7	0.034	0.254	1.308	7.074	42.585	18.138	45.464	4.928	29.162	95%
8	0.027	0.123	1.588	4.175	92.669	1.944	34.005	9.854	37.477	95%
9	0.013	0.106	2.463	5.799	23.613	21.358	31.182	2.988	43.802	85%
10	0.011	0.078	2.135	3.928	60.965	43.504	26.595	3.755	52.6	85%

6）参数推广

上一小节中提到的模型参数主要有 9 个，其中前 8 个为水文参数，考虑到整个片区比较小，因此可以将紫荆雅园 2 号排口上游单元的参数直接应用到整个示范片区。

最后 1 个参数流量起始阈值，表示管道流量计测流量时，存在一个起始的流量范围是测量不到的，从而使得管道流量大于测量值。在上一节通过模式匹配调参，得到紫荆雅园 2 号排口流量起始阈值参数范围为 22.763~37.492 L/s，如表 7-8 中匹配率为 95% 的参数 9 所示。通过 2017 年模拟结果，可以得到 2 号排口的流量水深模拟值关系（图 7-17），从而可以推算出流量起始阈值相应的水深为 0.092~0.117 m。

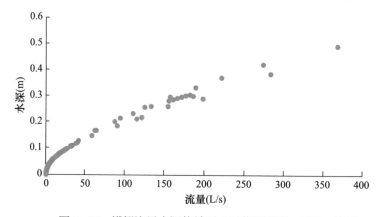

图 7-17　模拟流量水深值关系（以紫荆雅园 2 号排口为例）

假设流量计在不同管道内的流量起始阈值相应的水深是一样的，则其他监测点管道的起始阈值可以通过相应管道流量水深关系插值得到。示范区域主要的流量监测片区有 S3、S4 和 S6 片区，相应的排口都设有旱季流量监测点，因此通过 2017 年模拟结果，对相应监测位置在模型中的流量水深模拟值关系做了统计，分别得到 S3、S4、S6 排口旱季流量监测点所在管道的水深流量模拟值关系。通过水深流量模拟值关系得到 S3 排口起始流量阈值为 89.61~132.89 L/s，S4 排口起始流量阈值为 37.80~62.85 L/s，S6 排口起始流量阈值为 470.33~700.34 L/s。当使用这些排口旱季监测流量做模式匹配时，可以参考相应的起始流量阈值。

4. 模型验证

按照以上筛选出的参数组合分别建立 6 套模型。编号为模型 1（典性参数组合 2）、模型 2（典性参数组合 3）、模型 3（典性参数组合 4）、模型 4（典性参数组合 5）、模型 5（典性参数组合 7）、模型 6（典性参数组合 8）。模型结果验证是对已在以上章节筛选出的 6 组参数所搭建模型结果的验证。截至 2019 年，规划的低影响开发设施建设基本完成，因此模型验证数据为 2019 年降雨数据与监测数据。以紫荆雅园 2 号监测设备上游区域为重点分析区域，运用海绵城市评估系统模型对 2019 年研究区情况进行模拟。

1）监测数据特征提取

2019 年共监测 10 场有效降雨，因此对 10 场降雨期间的管道监测数据特征进行对比。根据资料显示，监测仪器监测的数据有浊度、电压、水深、流量、流速与温度等，其中浊度、电压与温度均随时间发生了明显的变化，而水深与流量等数据在 2019 年 8 月 3 日到 2019 年 9 月 28 日之间均无变化。出现这种情况的原因可能是仪器的安装位置不合理，导致流量很大时才可以监测到数据。根据仪器安装现状，按照以上方法对 2019 年监测数据特征进行提取，提取结果见表 7-9。

表 7-9　监测数据特征提取结果

降雨事件	0809	0810 (1)	0810 (2)	0811	0812 (1)	0812 (2)	0815	0820	0909	0913
数据特征	0	0	0	0	0	0	0	0	0	0

2）模拟结果特征提取

利用 2019 年 10 场降雨数据，将数据较为齐全的紫荆雅园小区作为分析对象，对 6 个参数下模型运行结果进行分析，提取 6 个模型结果数据的数据特征。将模型峰值流量结果减去模型阈值的结果作为该数据的特征，如果模型峰值流量减去阈值数大于 0，则该模式记为 1，如果模型峰值流量减去阈值数小于 0，记为 0。以模型 1 为例，6 个参数组合下模拟结果特征提取见表 7-10。

表 7-10　模型 1 模式识别结果

降雨事件	径流峰值（LPS）	径流峰值－阈值	模型模式识别代码
0809	39.11	>0	1
0810（1）	1.95	<0	0
0810（2）	0	<0	0
0811	5.84	<0	0
0812（1）	0	<0	0
0812（2）	9.15	<0	0
0815	0	<0	0
0820	3.79	<0	0

续表 7-10

降雨事件	径流峰值（LPS）	径流峰值 - 阈值	模型模式识别代码
0909	61.527	>0	1
0913	22.68	<0	0

3）模拟验证结果

匹配结果为"1"表示模型结果与实际监测情况相符合，匹配结果为"0"表示排除监测仪器监测阈值的"干扰"，实际应该监测到流量而未监测到流量的情况。在该种模型参数下，6个模型的匹配结果见表7-11，匹配率最高为80%，最低为70%。根据模型匹配情况，6个模型表现差异不大，均可作为后续海绵城市评估诊断的模型。

表7-11　6个模型组合的模式匹配结果

降雨事件	0809	0810(1)	0810(2)	0811	0812(1)	0812(2)	0815	0820	0909	0913	匹配率
模型1	0	1	1	1	1	1	1	1	0	1	80%
模型2	0	1	1	1	1	1	1	1	0	0	70%
模型3	0	1	1	1	1	1	1	1	0	0	70%
模型4	0	1	1	1	1	1	1	1	0	0	70%
模型5	0	1	1	1	1	1	1	1	0	0	70%
模型6	0	1	1	1	1	1	1	1	0	0	70%

第五节
示范区海绵城市建设效果评价

一、子汇水区域效果评价

本次模拟利用的数据为 2018 年 4—10 月降雨监测数据，期间总降雨量为 593.5 mm，其中最大单次降雨量为 93.5 mm，最小单次降雨量为 0.5 mm。根据模型演算结果，LID 设施建设模式下，研究区 2018 年全年平均径流系数为 0.443，其中子汇水区的最大径流系数为 0.75，最小径流系数为 0.12，222 个子汇水面积的平均径流量为 263 mm（图 7-18）。

本研究以紫荆雅园小区的 SN81 号汇水分区为研究对象，分析了在不同降雨类型下，LID 设施建设前、后径流量的变化。如图 7-19 所示，在不同的降雨状况下，低影响开发设施对单峰降雨与双峰降雨均有明显的削减径流峰值的作用。降雨初期，通过各 LID 设施下渗截留，较小的降雨不会出现出流状况，在较大降雨情况下，区域排水口排水过程线的流量峰值得到了明显的削弱，峰现时间也相对靠后。以上结果表明

LID 设施对城市雨洪具有有效的削减、滞留作用。

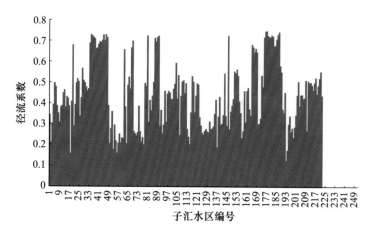

图 7-18   222 个子汇水面积年径流系数

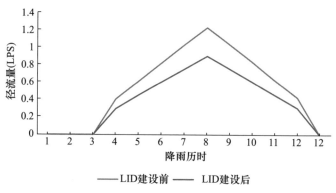

图 7-19   LID 设施对径流量的影响（以小雨为例）

二、示范区效果评价

1. 径流系数变化

2017—2018 年监测到的降雨径流，降雨量为 874 mm，年径流系数为 0.065，年径流系数严重偏小。通过以上模式匹配和校核，2018 年 4—9 月总降雨量为

593.5 mm，研究区未建设 LID 设施前 2018 年全年平均径流系数为 0.471 ~ 0.671，建设 LID 设施后，2018 年全年平均径流系数为 0.443 ~ 0.629，年径流系数较为合理。该结果表明本研究方法适用于研究区，且研究结果较之前的更为合理，管控模型具备处理监测数据并做出正确反馈的能力，从而做出适应的决策机制。

2. 径流量控制效果

2018 年 4 —9 月总降雨量为 593.5 mm，表 7-8（见第 267 页）中，模式匹配率为 95% 的 6 个参数组合下径流量为 2.017×10^7 ~ 3.117×10^7 m^3，平均下渗损失为 218 ~ 358 mm，将这 6 个参数组合（分别对应表 7-8 中的参数组合号 2、3、4、5、7、8）定义为模型 1~ 模型 6，其中，模型 1（参数 2）的下渗损失最大；2018 年雨季蒸发量为 28 ~ 48 mm，模型 4（参数 5）的蒸发量最大。LID 设施建设前后系统在单次降雨情况下径流量的分布有了明显的变化，以模型 1 为例，LID 设施建设前后的径流量变化如图 7-20 所示。模型 1（参数 2）与模型 5（参数 7）中，LID 设施建设前，系统中多数降雨事件的径流值集中在 1.0×10^5 m^3，而在 LID 设施建设后，系统中多数降雨事件的径流值集中在 2.0×10^4 m^3，相比建设前系统的径流量有明显的减少。模型 4（参数 5）虽然径流量分布无较大的差异，但 LID 设施建设后次降雨事件的累计最大径流量减少。其余模型并没有呈现明显的规律性，可能是因为参数设置不同，其对降雨的反应灵敏程度不同。

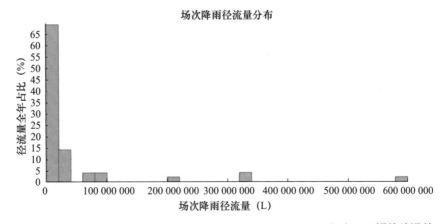

（a）LID 设施建设前

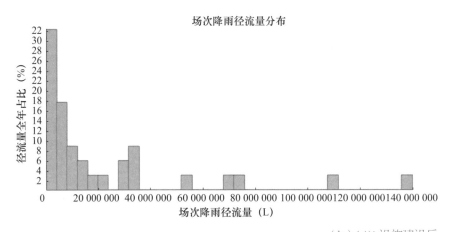

（b）LID 设施建设后

图 7-20　LID 设施建设前后系统径流量分布（以模型 1 为例）

3. 年径流总量控制率与年径流污染削减率

2014 年 10 月住建部颁布了《海绵城市建设技术指南低影响开发雨水系统构建（试行）》（简称《指南》），提倡推广和应用低影响开发建设模式，对城市雨水水量及水质进行控制与约束，有效缓解城市内涝、水体污染，改善修复城市生态环境，并提出"渗、滞、蓄、净、用、排"等一系列概念及方法。其中，有一个非常重要的概念——"年径流总量控制率"，《指南》附录 1 中将其定义为"根据多年日降雨量统计数据分析计算，通过自然和人工强化的渗透、储存、蒸发等方式，场地内累计全年得到控制（不外排）的雨量占全年总降雨量的百分比"。

径流污染控制是低影响开发雨水系统的控制目标之一，其中污染物指标可采用悬浮物（SS）、化学需氧量（COD）、总氮（TN）、总磷（TP）等，城市径流污染物中，SS 往往与其他污染物指标具有一定的相关性，一般可采用 SS 作为径流污染控制指标。年 SS 总量去除率可用下述方法进行计算：

$$S = KS' \tag{7-1}$$

式中：S 为年 SS 总量去除率；S' 为各种低影响开发设施对 SS 的平均去除率；K 为年径流总量控制率。

S' 为查表取值，根据海绵城市建设技术指南各低影响开发设施对 SS 的去除率，选择去除率的中等水平进行计算。确定各 LID 设施的去除率后，大的汇水分区的 S' 为加权平均值。K 值确定后，就可以相应计算出 S 值。

本研究利用两种概念对海绵城市的年径流总量控制率分别进行计算，即大海绵（包括灰色基建设施对径流的截流控制）与小海绵（只考虑低影响开发设施对径流的削减作用）。

1）大海绵概念下，径流总量控制率的计算

研究区 S3、S4、S6 区域为雨污合流制，模型中对于污水的模拟依赖于 2019 年三个排口的污水监测数据，由于缺少闸的资料，模型中的闸控制规则为全开设置，堰的高度为 0.5 m。模型结果显示，S3 出现溢流 23 次，S4 出现溢流 106 次，S6 在观测期间均会溢流。该计算结果与 2018 年监测结果相比，S3 出现溢流的状况相似，S4 与 S6 出现溢流的次数均大于监测结果，出现该情况的原因可能是 2019 年 S4、S6 片区管道有所变化，也可能是污水数据存在问题。

根据大海绵的计算结果，S3、S4、S6 的径流总量控制率分别为 81%、95%、58%，污染物的削减率分别为 62%、67%、44%。

2）小海绵概念下，径流总量控制率的计算

针对小海绵对径流总量的控制，本研究利用 2019 年降雨数据，对有 LID 设施状态下的片区进行模拟。按照小海绵的概念（只考虑 LID 设施对降雨量的削减），S3、S4、S6 的径流控制率分别为 52%、63%、58%，污染物的削减率分别为 40%、44%、44%。

第六节
示范区海绵城市智能化管控决策机制

管控机制的建立需要基于管网中的流量监测设备，通过降雨后监测结果结合有无海绵设施情况下系统产流的概率，然后给出海绵设施是否存在问题的判断。而有无海绵设施情况下系统产流的概率需要使用已经构建的陆域－管网耦合模型和海绵城市评估系统模型进行大规模降雨情景模拟并经统计分析而得到。此外，为了能够快速提取特定降雨条件下产流的概率，本研究建立了基于人工神经网络的产流概率提取模型。

一、基于降雨情景的产流概率统计

通过将各种降雨影响因素进行各种组合，得到大规模的降雨情景；针对这些降雨情景分别进行有 LID 设施及无 LID 设施机理模型模拟，从而得到主要影响因素下系统发生产流的概率。基于获取的产流概率，通过神经网络机器学习模型，对主要影响因素和产流概率进行训练，得到方便查询的产流概率获取模型。通过产流概率获取模型得到特定历史降雨下的产流概率，并结合历史降雨产流观测结果进行基于二项分布的决策判断，从而判断当前系统 LID 设施是否发挥了设计效用。一旦发现 LID 设施存在较大问题，及时给出预警。

1. 降雨情景设置

某一场降雨下，本研究考虑的影响因素主要为当前降雨、前一场降雨及两场降雨间隔。为了便于统一，每场降雨将当前降雨称为第 2 场降雨，前一场降雨称为第 1 场降雨。针对每场降雨，影响因素分为降雨量及雨型分布的影响，雨型分布又由降雨总历时和雨峰系数确定。因此，本研究中所有影响因素共 7 项，包括第 2 场降雨量、第 2 场降雨总历时、第 2 场降雨雨峰系数、两场降雨间隔、第 1 场降雨量、第 1 场降雨总历时以及第 1 场降雨雨峰系数。这 7 项降雨影响因素取值范围见表 7-12。

表 7-12　降雨影响因素及取值范围

第 2 场降雨量 R_2（mm）	第 2 场降雨总历时 T_2（min）	第 2 场降雨雨峰系数 r_2	两场降雨间隔 ΔT（d）	第 1 场降雨量 R_1（mm）	第 1 场降雨总历时 T_1（min）	第 1 场降雨雨峰系数 r_1
0~20	5~720	0~1	0~14	0~50	5~720	0~1

对通州区 1982—2012 年降雨结果分析表明，小于中雨降雨量上限 25 mm 的降雨场次占所有场次的比例约为 87.6%，小于大雨降雨量上限 50 mm 的总降雨场次占比约为 98.3%。因此 R_2 上限初步确定为 25 mm，经过试算确定区间为 0~20 mm；第 1 场降雨由于受到降雨间隔的影响，考虑一些大降雨范围，降雨量范围取包含所有大雨及以下降雨，因此 R_1 范围为 0~50 mm。参考 2018—2019 年单场降雨历时，取最长历时 12 h 作为降雨历时上限，取相关规范中关于短期暴雨历时下限 5 min 作为下限，因此 T_1 和 T_2 范围均为 5~720 min。降雨的具体形态，本阶段只考虑单峰降雨，峰值出现的范围在开始降雨和结束之前任意位置都有可能，r_1 和 r_2 范围为 0~1，同时考虑相关资料提及北京降雨的雨峰系数主要集中在 0.42，因此 r_1 和 r_2 随机生成时使用均值为 0.42 的正态分布。两场降雨时间间隔 ΔT 本阶段初步考虑 0~14 d 的影响。

将以上各降雨影响因素在取值区间随机生成并组合，然后随机生成 80000 组降雨，以图 7-21 为生成的典型降雨示例。

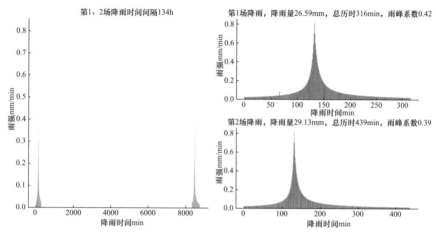

降雨分布图(a)

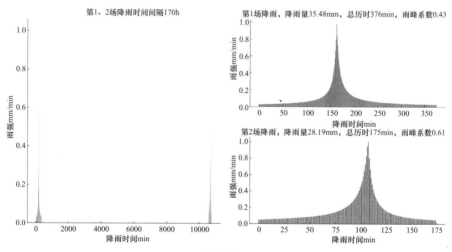

降雨分布图(b)

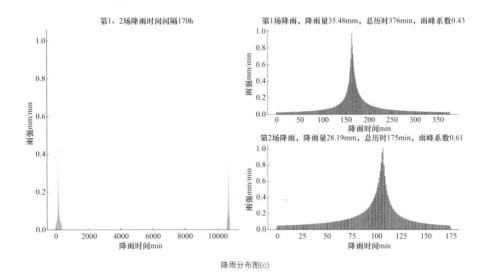

降雨分布图(c)

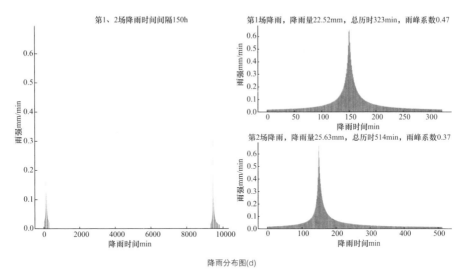

降雨分布图(d)

图 7-21 参数取值处于上下限中间的典型降雨分布

2. 降雨对产流概率的影响分析

本研究中对于降雨影响因素有 7 个，在降雨生成阶段分别考虑不同因素的影响。经过有 LID 设施和无 LID 设施机理模型模拟，分别得到 80000 个降雨是否产流的结果。按照第 2 场降雨雨量大小，以 1mm 区间尺度将所有模拟结果划分为 20 个降雨区间。然后针对每个降雨区间，依次统计第 1 场降雨雨量 R_1 和降雨间隔 ΔT 的影响，其中 R_1 区间尺度为 5 mm，共分为 10 个区间，ΔT 区间尺度为 1 d，共分为 14 个区间。因此，按照 R_2、R_1 和 ΔT 各自的区间尺度，整个 80000 场降雨共分为 20×10×14=2800 个区间，然后分别统计 80000 个降雨产流结果在这 2800 个区间内的产流概率。

需要注意的是，模拟得到的结果，考虑不同的流量计起始阈值时，各场降雨的出流与否会有所变化。在前面利用 2017 年降雨及监测数据分析时，模式匹配得到的紫荆雅园片区 2 号排口起始流量阈值为 22.77 L/s，2017 年监测得到的起始流量阈值约为 5.85 L/s，而 2019 年由于监测数据显示没有产流的情况，即无法从流量数据寻找到合适的起始阈值，因此暂时通过初步的模拟结果。当流量阈值参数取 14 L/s 时，2017 年模式匹配率也达到了 80%，2019 年 13 场降雨的模式匹配率也达到了 70% 左右，是可以接受的模式匹配率。未来需要结合实际的监测结果，对起始流量阈值做进一步的调整。因此本研究选取起始流量阈值 14 L/s 作为进一步分析各区间产流频率的基础。

有、无 LID 设施时，统计当前场次降雨雨量在各雨量区间下，前一场降雨量与发生产流的概率关系和两场降雨事件间隔与发生产流的概率关系，部分结果示例如图 7-22、图 7-23 所示。建设 LID 设施前后，产流概率在 15% 左右的区间从 4~5 mm 推迟到 7~8 mm；产流概率开始进入 100% 的区间从无 LID 设施的 12~13 mm 推迟至 17~18 mm；当前降雨在某一雨量区间发生产流的概率，随着第 1 场降雨雨量及两场降雨间隔有所波动。

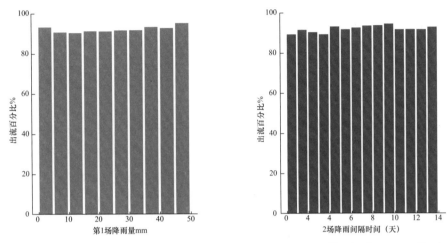

图 7-22　第 2 场降雨 9~10 mm 雨量区间，无 LID 设施情况下前一场降雨量、两场降雨间隔与产流概率的关系（以部分场次为例）

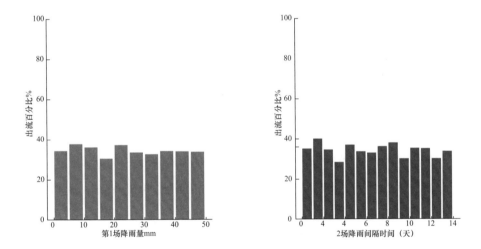

图 7-23　第 2 场降雨 9~10 mm 雨量区间，有 LID 设施情况下前一场降雨量、两场降雨间隔与产流概率的关系（以部分场次为例）

二、基于人工神经网络的产流概率提取模型

前文通过大量的降雨情景模拟和统计分析得到了 80000 场随机生成的降雨在有、无 LID 设施情况下，在不同的当前场次降雨雨量区间，前一场降雨雨量区间以及两场

降雨时间间隔区间下相应的产流事件发生概率。但是在实际应用中通过人工搜索的方式从这 2800 个区间获取历史降雨出流概率效率较低，因此需要建立基于人工神经网络的产流概率提取模型。

1. 人工神经网络

对人类中枢神经系统的观察催发了人工神经网络这个概念。在人工神经网络中，简单的人工节点，称作神经元，连接在一起形成一个类似生物神经网络的网状结构。与生物神经网络的相似之处在于，它可以集体地、并行地计算函数的各个部分，而不需要描述每一个单元的特定任务。

神经元示意如图 7-24 所示，$x_1 \sim x_n$ 为输入向量的各个分量，b 为偏差项，f 为激活函数，通常为非线性函数，y 为神经元输出。

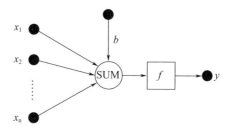

图 7-24　神经元示意

由神经元构成的神经元网络分为单层神经元网络和多层神经元网络。

单层神经元网络是最基本的神经元网络形式，由有限个神经元构成，所有神经元的输入向量都是同一个向量。由于每一个神经元都会产生一个标量结果，所以单层神经元的输出是一个向量，向量的维数等于神经元的数目，见图 7-25。

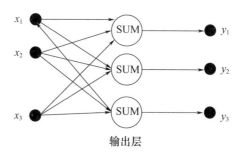

输出层

图 7-25　单层神经元网络

多层神经网络中，多层结构前馈网络是常见形式，一般由输入层、输出层和隐藏层三部分组成（图7-26）。输入层和输出层之间众多神经元和链接组成的各个层面称为隐藏层，隐藏层数目可以是一层或多层。隐藏层的神经元节点数称为该层的宽度，隐藏层宽度不定，但宽度越大神经网络的非线性越显著，从而神经网络的强健性越显著。

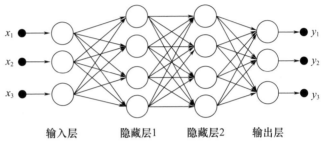

图7-26 多层神经元网络

2. 模型配置及参数

神经网络模型最终参数设置见表7-13，在得到参数的过程中分别尝试了1、2、3及6个隐藏层，同时分别尝试了64、32及128的隐藏层宽度，最终选用测试效果最好的128宽度的1个隐藏层。神经网络训练集使用了所有的模拟统计结果作为训练数据，是因为这个模型的目标和一般神经网络模型不同，并不要求泛化到观测数据之外的情景，而是去拟合全部数据所包含的范围，然后利用这个模型直接提取产流概率，而不需要推导新的概率。

表7-13 人工神经网络参数设置

输入层宽度	3
输出层宽度	1
隐藏层层数	1
隐藏层宽度	128
输入数据归一化方式	$(x_i - x_{i\_mean})/x_{i\_std.}$ 式中：x_{i_mean} 为 x_i 均值，x_{i_std} 为标准差
权重初始化	glorot 均匀分布
偏差项和权重的正则化	使用 L2 正则化， 正则化系数取 0.001
激活函数	采用 Relu 函数
优化算法	RMSprop， 学习率取 0.002

续表 7-13

训练代数	1000 代
每批次样本数	40
训练数据	2800 组模拟统计结果

3. 概率提取模型模拟结果

如图 7-27 所示，横坐标为由当前场次降雨雨量区间、前一场降雨量和两场降雨时间间隔三者组合而成的 2800 个降雨区间序列。纵坐标为每一个区间发生产流的概率。模拟结果提取了各区间发生产流概率的局部变化趋势。在人工神经网络模型输入当前场次降雨雨量值、前一场降雨雨量值和两场降雨时间间隔值，即可得到该场降雨发生产流的概率。

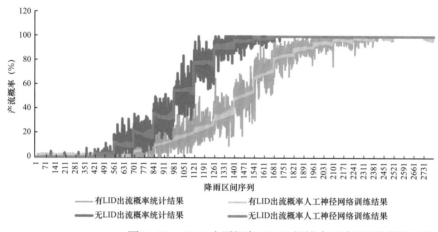

图 7-27　2800 个区间有无 LID 设施人工神经网络模拟结果

三、管控决策模型

机器模型可以计算得出不同降雨情景下的管道出流概率统计图，根据统计结果利用二项分布相似原理进行决策模型构建，决策模型的构建包括：①结果分析；②决策阈值分析；③决策机制形成。

1. 决策模型基础

在现实生活中，许多事件的结果往往只有两个。例如：抛硬币，平面朝上的结果只有两个——国徽或面值；检查某个产品的质量，其结果只有两个——合格或不合格；购买彩票，开奖后，这张彩票的结果只有两个——中奖或没中奖。在本研究中，降雨后，管道的出流结果也只有两个——出流（1）与未出流（0）。二项分布是由伯努利提出的概念，指的是重复 n 次独立的伯努利实验。在每次实验中只有两种可能的结果，而且两种结果发生与否互相对立，并且每次实验相互独立，与其他各次实验结果无关，事件发生与否的概率在每一次独立实验中都保持不变，则这一系列实验总称为 n 重伯努利实验，当实验次数为 1 时，二项分布服从 0~1 分布。在本研究中利用以下公式对降雨后管道的出流情况进行了二项分布统计。

$$P(X) = C_n^x P_X (1-P)^{n-x} \qquad (7-2)$$

式中：n 为有效识别的降雨次数；P 为成功的概率；$1-P$ 为失败的概率。

通州海绵设施的决策模型就是基于二项分布的原理，对多次降雨事件的出流概率进行分析，从而决定在什么概率下，海绵设施可能会有问题。其计算公式为：

$$P = P_1 \times P_2 \times \cdots\cdots \times P_n \qquad (7-3)$$

式中：P 为 n 场降雨下连续出流的概率，n 为降雨场次。

2. 决策模型结果

神经网络训练后的相同降雨区间会因为前一场降雨的降雨量、降雨间隔、第 2 场降雨的降雨时间与重现期出现不同的出流概率。不同降雨特征连续出流的概率会因为不同的组合有着不同的概率，为了得到合理的阈值，本研究对统计结果进行进一步特征分析，对数据进行了以下计算：

（1）在 1~20 区间，计算每个区间的有 LID 设施与无 LID 设施情况下，出流状况的平均值，见表 7-14。

（2）分别计算连续 3、4、5 场降雨组合下的出流概率。

（3）将有 LID 设施与无 LID 设施的比值作为低影响开发设施运行状况的评判依据。

表 7-14　有 LID 设施与无 LID 设施不同降雨区间平均出流概率

降雨区间	有 LID 设施概率	无 LID 设施概率
1	0.62%	0

降雨区间	有 LID 设施概率	无 LID 设施概率
2	0.55%	0
3	0.48%	0
4	0.43%	0.76%
5	0.60%	9.94%
6	5.80%	18.84%
7	11.19%	33.11%
8	17.12%	55.00%
9	23.93%	77.97%
10	33.90%	91.77%
11	50.47%	96.00%
12	68.11%	98.57%
13	83.50%	100.00%
14	90.08%	100.00%
15	94.26%	100.00%
16	96.51%	100.00%
17	97.94%	100.00%
18	99.48%	100.00%
19	100.00%	100.00%
20	99.29%	100.00%

　　为了找到管控决策的阈值区域，本研究分别对连续 3、4、5 场降雨组合下的出流概率进行统计，如图 7-28 所示，统计结果中去除降雨组合中在无 LID 设施出流概率为 0 的情况。其中 3 场降雨的组合类型共 680 组，4 场降雨的组合类型 2380 组，5 场降雨组合共计 6188 组。统计后发现其概率分布具有相同趋势，为了提高阈值表达的精准程度，因此选择组合数更多的 5 场降雨数据出流概率数据作为考核海绵设施运行状况的基础。在 5 场降雨组合的概率图中，两者比值接近 1 时代表有 LID 设施与无 LID 设施状况下出流概率相近程度较大，若 5 场降雨中无 LID 设施的出流概率有一场为 0，则该场降雨不计入模型考核验证。根据统计结果，分别选择 0.8、0.4、0.1、0.05、0 作为海绵设施运行状况评价的决策阈值。

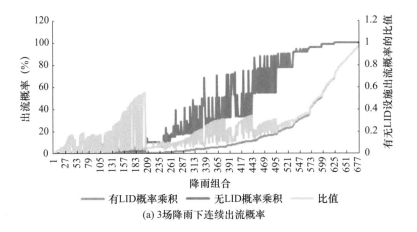

(a) 3场降雨下连续出流概率

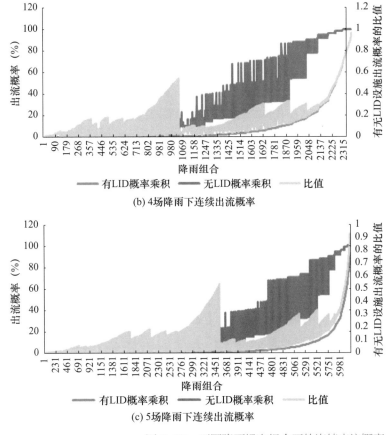

(b) 4场降雨下连续出流概率

(c) 5场降雨下连续出流概率

图7-28 不同降雨场次组合下的连续出流概率

3. 管控决策系统使用

本研究中对于通州市海绵设施的管控属于离线展示模式，即发生一场降雨后，不能对 LID 设施的运行情况进行判断。决策机制的运行依赖的降雨场次需要 5 场及以上，随着降雨场次的增多，决策的准确性也就增高。同时该研究的管控主要基于通州示范区紫荆雅园 2 号形成的。选择该片区，有两个原因：一是该片区数据比较齐全；二是该片区雨污分流清楚，有单独的雨水径流量监测数据。对于其他区域，由于监测数据有限，对于污水与雨水无法进行分割，因此将管控机制应用到其他区域时，需要对研究地区进行更加详细的调查与监测，还需要将相应区域的污水分布情况调研清楚。

在该决策模型中，将 LID 设施的运行情况分为 5 类：① LID 设施运行状况没问题，② LID 设施运行状况应该没问题，③ LID 设施运行状况可能有问题，④ LID 设施运行状况很可能有问题，⑤ LID 设施运行状况基本肯定有问题。

（1）观测到 5 场出流降雨，将降雨的相关参数输入决策模型，若决策模型给出的结果为（0.8，1]，则认为此时模型判断 LID 设施运行没问题。

（2）观测到 5 场出流降雨，将降雨的相关参数输入决策模型，若决策模型给出的结果为（0.4，0.8]，则认为此时模型判断 LID 设施运行应该没有问题。

（3）观测到 5 场出流降雨，将降雨的相关参数输入决策模型，若决策模型给出的结果为（0.1，0.4]，则认为此时模型判断 LID 设施运行可能有问题。

（4）观测到 5 场出流降雨，将降雨的相关参数输入决策模型，若决策模型给出的结果为（0.05，0.1]，则认为此时模型判断 LID 设施运行很可能有问题。

（5）观测到 5 场出流降雨，将降雨的相关参数输入决策模型，若决策模型给出的结果为 [0，0.05]，则认为此时模型判断 LID 设施运行基本肯定有问题。

（6）若观测到某场降雨 LID 设施不出流，则该场降雨不作为模型考核验证。

具体的决策等级表见表 7-15。

表 7-15　决策等级

类型	没问题	应该没问题	可能有问题	很可能有问题	基本肯定有问题
概率	(0.8,1]	(0.4,0.8]	(0.1,0.4]	(0.05,0.1]	[0,0.05]

管控决策机制的关键就是当决策模型判别出现各种情况后，会给出相应的行动建议。当决策模型显示的情况为可能有问题时，系统会发出预警信息，建议决策者可以考虑核查海绵系统的现状，决策者可根据任务目标确定是否排查；当决策模型显示的情况为很可能有问题时，建议决策者最好去核查海绵系统；当决策模型显示的情况为基本肯定有问题时，建议决策者一定要去排查。